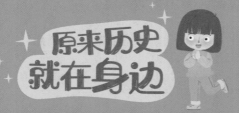

原来历史就在身边

历史就住在房子里

卢 溪／著

牟悠然／绘

中国少年儿童新闻出版总社
中国少年儿童出版社
北 京

图书在版编目（CIP）数据

历史就住在房子里 / 卢溪著；牟悠然绘 . -- 北京：
中国少年儿童出版社，2024.10
　（原来历史就在身边）
　ISBN 978-7-5148-8563-7

　Ⅰ．①历… Ⅱ．①卢… ②牟… Ⅲ．①建筑史－中国
－儿童读物 Ⅳ．① TU-092

中国国家版本馆 CIP 数据核字（2024）第 096319 号

LISHI JIU ZHU ZAI FANGZI LI
（原来历史就在身边）

出版发行：中国少年儿童新闻出版总社
中国少年儿童出版社

策　　划：叶　敏　王仁芳	装帧设计：柒拾叁号	
责任编辑：秦　静	责任校对：李　源	
美术编辑：陈亚南	责任印务：刘　潋	

社　　址：北京市朝阳区建国门外大街丙12号	邮政编码：100022
编 辑 部：010-57526671	总 编 室：010-57526070
发 行 部：010-57526568	官方网址：www.ccppg.cn

印刷：北京缤索印刷有限公司

开本：787mm×1092mm　1/16	印张：7.75
版次：2024年10月第1版	印次：2024年10月第1次印刷
字数：155千字	印数：1—8000册

ISBN 978-7-5148-8563-7　　　　　　　　　　　定价：32.00元

图书出版质量投诉电话：010-57526069　电子邮箱：cbzlts@ccppg.com.cn

序

　　不会吧？不会还有人跟我小时候似的，以为历史就是摆在书架上那些本大书吧？《二十四史》，一大柜子，那就是中国的历史？

　　事实上，历史可不光是"过去发生的人和事"那么简单。历史啊，它是一个全息系统。你看，历史就是过去人的生活，而咱们现在的生活，就是未来人眼中的历史！

　　生活都包括些啥？衣、食、住、行、玩，这就差不多是全部了吧。

　　可是，你看看古画中五花八门的汉服、博物馆里的器具、景点里的古迹……它们和现在咱们的衣、食、住、行、玩，差距很大呀！我们和历史有联系吗？

　　仔细观察，咱们的衣、食、住、行、玩与古人的，或多或少都有相似之处。就好像，你和爸爸妈妈、爷爷奶奶、外公外婆那可是完全不同的人，但是别人会说你的鼻子像爸爸，眼睛像妈妈，额头像奶奶，耳朵像外公……你跟祖辈父辈们又有千丝万缕的联系，不是吗？

一般来说，你的姓就跟爸爸或妈妈的一样，还有，你在户口本上填的"籍贯""民族"，总是跟爸爸妈妈其中一位有关系，对吗？

对，这些联系、相似，甚至变化，那都是历史。

你可以把历史理解成一本密码本，表面上看，谁也看不懂。可是，只要给你一个编码规则，你就能把密码翻译出来。对历史的了解与掌握，就是一个"解码"的过程。

你可以假设一下，要是有一种力量，突然让你回到了古代，扔给你一套衣服，你知道怎么穿吗？你知道每个时代，餐桌上主要有什么食物吗？晚上去哪儿住？是自己造一间房子还是找家旅店？出门有什么交通工具可以选择？无聊的时候，能找到什么玩具？

更重要的是，你知道古代的这些衣、食、住、行、玩和现代的有什么不一样，是怎么变化发展的吗？要是给你开个倍速播放，把历史再过上一遍，你能找到事物的发展规律吗？掌握了现代信息的你，能避免古人走过的弯路吗？

所以你看，了解历史，可不只是知道一些枯燥的知识，它更是一种可以玩很久的迷人的解码游戏。从今推回古，从古推到今，越来越熟练的你，就像在一条历史长河里游泳，两边的景物与细节，越来越清晰，越看越好玩。

现在你看到的这几本书：《历史就穿在我身上》《历史就摆在餐桌上》《历史就住在房子里》《历史就跑在道路上》《历史就藏在玩具里》，就像一个大乐园的不同入口，从每一个入口进去，都能看到不一样的精彩！

当你走出这个乐园时，你就是掌握了历史解码能力的人哦，你的世界，变得好大好大，上下五千年，纵横八万里，任你闯荡，任你飞。到时，你就可以跟小伙伴们大声夸赞："历史可真有趣呀！"

你还可以骄傲地告诉他们："历史没那么遥不可及，历史就在你身边！"

杨早

北京大学文学博士，中国社会科学院文学所研究员
中国社会科学院大学教授，中国当代文学研究会副会长
阅读邻居读书会联合创始人

目录

虽然我们住的不是几千年前的房子，但是我们住的房子里藏着几千年的历史密码！一起去看看！

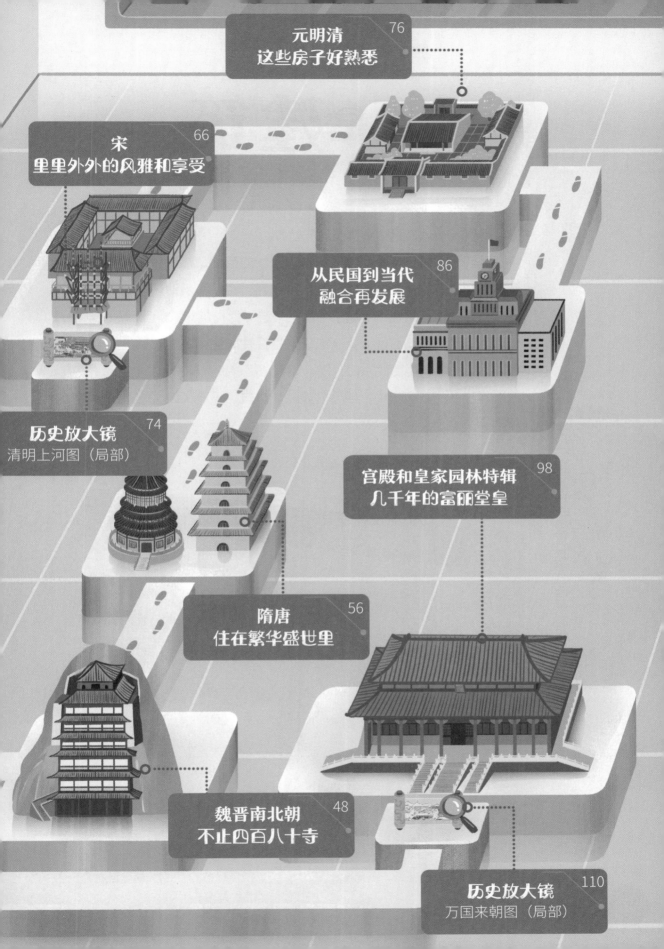

什么是建筑

建筑，指人们建造的房屋和构筑物。

我们居住的住宅、购物的店铺、上学的教室，都是房屋，可以供我们在里面居住生活或学习工作。而道路、围墙、水池这些建筑，没办法让人在里面居住，不属于房屋，被统称为构筑物。

建筑的范围比房屋大，一座建筑里往往既包括房屋，又包括构筑物。比如一座典型的北京四合院，既有正房、耳房等房屋，也有大门、影壁等构筑物。可以说，四合院是一座建筑，但要说四合院是一座房屋就不准确了。

先来认识一下古代建筑

古人建造了无数的建筑，其中有些建筑一直保存到现在，成为名胜古迹；也有一些建筑已经消失在历史长河中，只能从考古遗迹、历史记载中一睹它们的风采。

古代建筑按用途分，有以下几种主要类型。

住宅

住宅是供人居住的建筑，这是历史上出现最早、分布最广、数量最多的建筑。最早的住宅可以追溯到石器时代，后来，人们因地制宜地发展出各具特色的住宅风格。

原始社会的群落

宫殿

宫殿简称"宫"，专指古代的统治者（比如皇帝）用来治理国家以及生活的建筑。宫殿往往非常宏大华丽，以体现统治者的权威。修建宫殿往往需要投入大量的人力和财力，花费很长的时间。宫殿自然也就体现了当时的最高建筑水平。

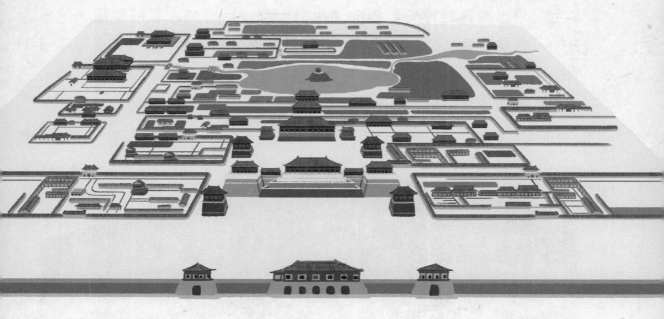

唐代大明宫复原图

宫

　　最早的"宫"不是指帝王的住所，而是指所有的房屋，没想到吧？甲骨文"宫"是个象形字，一个屋顶下面有两个方形房间。

甲骨文　➡　宫

　　"宅"是个形声字，"宀"表示房屋，"乇"(zhé)表示字音。

甲骨文　➡　宅

陵墓

古人认为人死后会到另一个世界开始新生活，所以讲究"事死如事生"，也就是对待死者要和他生前一样。活着的人有房屋居住，死去的人也要有房屋居住，埋葬逝者的建筑就被称为墓。距今约3万年前的山顶洞人就有原始的墓地。

百姓的墓就叫墓，而帝王的墓叫作陵。

陕西秦始皇陵封土

原来如此

陵

"陵"的本义是高大山丘，甲骨文"陵"左边是个人，右边是三级台阶，勾画出一个人正在沿着台阶登山的样子，后来引申为山丘形状的帝王陵墓等义。陵里面埋藏的随葬品往往丰富贵重，有时陵旁还修建供死者居住的寝殿，合称为"陵寝"。

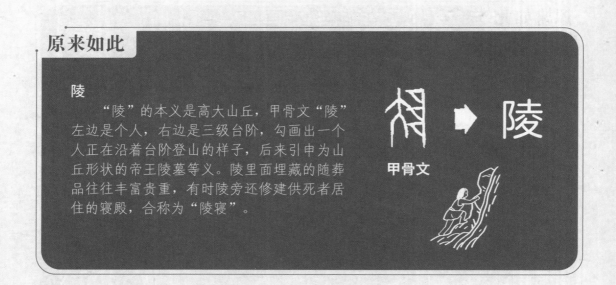

甲骨文

坛庙

　　古人认为自然界、祖先和神明都具有强大的力量，可以使人们获得保护和祝福。基于这样的信仰，古代统治者建筑了祭祀天地、太阳、月亮等的坛，祭祀祖先、神明等的庙，合称为坛庙。民间的家族也有祭祀祖先的家庙、祠堂。

北京天坛祈年殿

寺观

　　古代，很多人信奉佛教、道教、伊斯兰教等宗教，这些宗教都需要传教和修行的专门场所，比如佛教的寺庙、道教的宫观、伊斯兰教的清真寺，有时候还会修建具有纪念意义的宗教建筑，比如佛教的佛塔、石窟。

河南嵩山少林寺山门

原来如此

庙

　　古人将晚辈拜见长辈称为"朝"，将拜见祖先也称为"朝"，而拜见祖先的地方是"庙"。金文、小篆的"庙"由一个代表房屋的"广"字和一个"朝"字组成，非常形象。"庙"字最早在金文中出现。金文就是铸刻在青铜器上的文字，主要在商周时期使用。也就是说，在商周时期，人们供奉祖先的思想发展得更完备，出现了"庙"这样的行为和用来"朝"的地点。后来"庙"又演变出寺庙、庙堂、庙会等意思。

金文 ➡ 庙

寺

　　"寺庙"可以指佛教庙宇。同学们看电视时，有时会看到女主角说自己的父亲是"大理寺某某"，难道这个老头儿是和尚？其实并不是的，"大理寺"是古代官署名。"寺"是"持"的本字，本义是持，后来本义被"持"取代，"寺"被借指官署，后引申为佛寺等意。

观

　　道士居住的庙宇是"道观"。"观"原先指看这个动作，后来引申为观景的建筑，又引申为道观等义。观指道教庙宇时读作 guàn。汉字的字形和含义从古到今都是在不断变化的。

园林

　　园林是人们建造的可供游览、休息的建筑，现在的公园就属于园林。我国古代园林大多属于皇家或私人，很少有公园。这些园林里的景观会模拟自然山水，追求艺术设计。早在3000 多年前的商代，就有贵

江苏苏州狮子林里的假山迷宫

族园林的雏形"囿"出现，在明清时期的江南，私人园林非常有名。

　　此外，建筑还包括军事建筑、交通建筑、商业建筑等有特殊用途的建筑，比如城墙、桥梁、酒楼等。

中国古代建筑的特点

我国的古建筑很多都是用木材建造的。

今天，为了保护环境，对于砍伐树木的限制非常严格。不过，在古代，人们最容易获得的建筑材料就是木头啦！

木结构占比很大

仔细观察，你会发现我们的祖先虽然也用砖石建筑房屋，但是他们格外喜欢用木材，并且在木建筑中发展出了非常先进的技术，设计出了各种建筑形式。

这是有原因的：

木材是性能优良的建筑材料，坚固耐用，加工后能灵活组合成不同的木结构，甚至可以很快地拆下、搬走、重建；设计合理的木结构建筑有一定抵抗地震的能力；木材本身获取方便，大部分地区都有树林，人们可以通过砍伐树木获取木材；木材加工起来也比较容易，原始社会的石器就能简单加工木材，金属工具的发明更大大提高了木材的加工效率，因此，用木材盖房子速度快，维修也方便。

不过，木结构建筑的寿命相对较短，需要不断修缮，加上它们易受火灾危害，所以大量的古建筑没能保存至今。

我国古代建筑常以群体组合的形式出现。独立的单栋建筑很少见。

成群布局

如果你参观欧美国家的建筑或建筑群，会发现它们大多有一个非常醒目、宏伟的主体部分。

意大利米兰大教堂

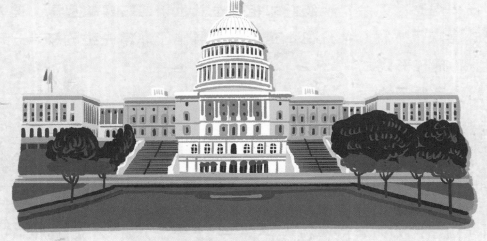

美国国会大厦

相比于西方古代建筑，我国古代建筑多讲究建筑的群体性，由很多单体建筑组合成建筑群，利用建筑群的规模彰显尊贵宏大的气势。建筑群中的重要建筑建于台基之上，一些非常重要的建筑，如故宫太和殿，则建在三重台基之上。重要建筑虽然宏伟，但又能与其他建筑很好地融合在一起。大到皇宫（比如前面看到的唐代大明宫，以及我们更加熟悉的北京故宫），小到百姓居住的四合院，都以成群布局为特征。

我国古代建筑的美表现在很多方面。

彰显中式美学

建筑不仅具有实用功能，也是一种造型艺术。我国古代工匠善于对建筑进行美化装饰，对每一个建筑构件都力求华美。最能体现我国古代建筑之美的，莫过于极具中国风的屋顶造型。此外大到梁、柱、门、窗，小到砖、瓦、斗拱，无论是外头的墙面，还是里面的天花板，几乎无一处不精美，无一处不蕴含匠心。

除此之外，中国传统建筑还非常注重选址。古人认为背山、面水、向阳的地点最适合营造住宅，这样的环境光照充足、通风良好、取水方便，非常适合人们居住生活。而重要的宫殿、祭祀场所或皇家陵寝，则需要考虑更多的因素，既要自然环境、地理位置适宜，也要符合当时的人们关于风水的要求。

藏在建筑里的成语

【来龙去脉】

来龙去脉比喻事情的前因后果或人、物的来历。这跟龙有什么关系呢？其实"来龙去脉"原本是一个表示风水的词。在风水学中，把连绵起伏的山形比作"龙"，"龙头"所在的位置就是"来龙"，盖房子选在"来龙"的位置，就非常吉利；而去脉呢，指的是另一个风水的要素"向"，从龙头到龙尾像脉管一样连贯畅通的地势叫作"来龙去脉"，这样的地势意味着房子的主人会兴旺发达。随着历史的发展，人们忘记了这里面所具有的风水迷信的含义，把它变成了一个经常使用的成语。

中国古代建筑具有独特的魅力和价值，体现了古代劳动人民的智慧和创造力，不仅是中华文化的瑰宝，也是世界建筑艺术中的珍贵遗产。

古人怎么盖房子

今天，我们路过一处建筑工地，看着那些高大又先进的工程机械，在平地上盖着一座座高楼，常常忍不住赞叹。有多少人在小时候梦想过拥有一台真正的挖掘机或大吊车啊！可是在漫长的古代，没有这些庞然大物的帮忙，那么多或富丽堂皇、或巍峨雄奇的建筑，是怎么搭建起来的呢？在很早很早的时候，就已经形成了盖房子的流程，这个流程一直传到现在，其实变化都不是很大，更多的是工具、建材、房屋样式等的变化。

古代的宫殿也有高高的房顶，古人也会搭这么高的脚手架吗？他们没有大吊车，也没有混凝土搅拌机，怎么办呢？

一步一步来，可能一座宫殿要修建十几年吧？不是说古人干什么都很慢吗？

13

从古代建筑的结构说起

要了解古人怎么盖房子，先要了解古代建筑的结构。无论是复杂的宫殿，还是简单的住宅，结构基本是一致的，主要由地基、地板、柱子、房梁、墙壁、屋顶及其他构件组成。

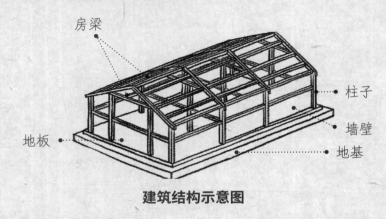

房梁

柱子

墙壁

地基

地板

建筑结构示意图

地基

地基是承受建筑物重量的土层或岩石。如果地基不稳，建筑就会慢慢倾斜、下沉，甚至倒塌。一些重要的建筑会先打好地基，然后在地基上修建台基，台基中的台明是一个高于地面的平台。台基有稳固基础、防水避潮等作用。

原来如此

基础

"基"指建筑物下面支撑建筑物的夯土层，夯土层必须整齐结实。老子曾经说过："九层之台，起于累土；千里之行，始于足下。"可见基多么重要。"础"是垫在柱下的石头。

慢慢地，"基"被引申为支撑、支持之物，而"础"被引申为事情的开端或根本之义。所以"基础"就有了根基、根底的意思。

甲骨文 ➡ **基**

打夯

打夯指用夯把地基砸实。甲骨文"基"字，生动地再现了古人盖房子打地基的样子。

柱子

柱子简称"柱"，柱子是建筑中支撑屋顶和房梁的构件，要承受较大的压力，一般需要使用比较结实耐用的材料，比如木头、石头、砖等。

房梁

房梁简称"梁"，是支撑屋顶的构件，没有房梁支撑，屋顶就会塌下来。

古人把由柱、梁等组成的负责承重的木结构，统称为大木作，主要应用于殿堂、厅堂等。大木作也是我国传统建筑营造的核心技艺。

墙壁

墙壁简称"墙"，是建筑物四周垂直于地面的构件，可以遮风挡雨、保持室温、保护隐私。古人筑墙的材料多种多样，有土墙、砖墙、石墙、木墙、木骨泥墙等。

立柱

砌墙

原来如此

栋梁

老师有没有鼓励过你，希望你努力学习，将来成为国家的栋梁之材？在木结构建筑中，"梁"指的是支撑屋顶的木头，而一座建筑有很多根梁，其中最高的那根水平梁叫"栋梁"，支撑着椽（chuán）子的上端，是很重要的承重支撑结构，因此栋梁就是指能够肩负重任的、了不起的人才啦！

屋顶

屋顶是建筑最上面的顶盖，用来遮蔽风雨烈日。我国古代建筑的屋顶很有特色，从屋顶的形制，也可以区分建筑的等级。

| 悬山顶 | 硬山顶 | 攒尖顶 | 歇山顶 |

| 庑殿顶 | 卷棚顶 | 盔顶 | 盝（lù）顶 |

以上是最常见的 8 种屋顶样式，除前 3 种之外，
其他的屋顶都不是百姓的房子能够随意使用的。

除了以上几种重要结构，台阶、地板、栏杆、门、窗等构件也是必不可少的，这么多构件组合在一起，才是一座完整的建筑。

准备盖房子

选址

盖房子首先要选择合适的地点，要考虑地势、阳光、通风、交通、安全等因素。

设计

盖房子是要提前设计的。专业的建筑师不仅要把一座房屋的尺寸和样式提前规划好，还要确定地基、柱子、梁架等各部分的尺寸。

古人用面阔和进深来表示一座长方形房屋的尺寸，面阔表示房屋横向的距离，进深表示房屋前墙至后墙纵向的距离。面阔和进深的单位都是"间"，也叫"开间"，是相邻两根柱子之间的空间。

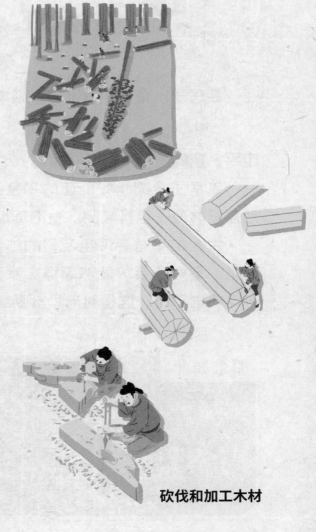

准备建筑材料

选好地址，做好设计，就该准备建筑材料了。如果盖简陋的茅屋，需要准备干草、木料、竹子等；如果盖砖瓦房，要准备砖、瓦、木料等；如果盖石头墓穴，需要准备很多石料。此外，还需要准备施工工具。

砍伐和加工木材

开采、加工石料

搬运石料

施工开始啦！

盖房子，是一个由下向上施工的过程。

定平、定向

盖房子要测量好地面的平整度，确保施工平面是一个水平面，不然盖好的房子容易倾倒，也不美观。这道工序叫"定平"。

古人定平时会使用专门的工具，最简单的就是一个木槽，往槽里灌水，有时还会放能够漂浮在水面上的浮子，通过观测水面或浮子就可以确定平面，这是利用了水平的原理。

原来如此

水平

水平是属性词，指与水平面平行的。水平面指静止时的水面，或者与静止水面平行的平面。由于重力的作用，水在静止时表面会形成一个平面，这个平面和地球重力垂直，叫作水平面。

如果冬天水冻住了，没法用水平方法定平，就可以利用垂绳定平。受地球重力影响，垂绳是垂直于水平面的，根据垂绳的方向，就能找出水平面。

古人定平示意图

除定平外，还要测量方向，也就是定向。定向的目的是找准东南西北，最重要的是找出正南方向。这时候要用到土圭（guī）。最简易的土圭就是一根垂直于地面的木棍，一天之内的日出和日落时分，把阳光之下木棍的投影顶点分别标记下来，再连接起来，画出垂直线，就是正南正北线。

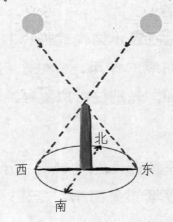

土圭测量示意图

每天测出的日出日落时的投影指向不一定是正东正西，但是偏东和偏西的角度是一样的，其顶点连线的垂线是正南正北。

打地基

不同的地方、不同的建筑，打地基的工艺也不相同，最常见的是夯土地基，此外还有碎石地基、灰土地基、砌筑地基、木桩地基。

陵寝等主要结构在地下的建筑物，也需要地基。宫殿等重要建筑，还要在地基上修建台基，再在台基上建造房屋。

打地基

立柱子

柱子是木结构建筑的主要承重构件，柱础是垫在柱子下面的石头，起到防潮的作用。立柱子前要计算好柱子、柱础的位置，然后用人力和机械，先把柱础放置好，再把柱子竖立在相应位置上。

架房梁

房梁是木结构建筑中承受屋顶重量的主要水平构件。复杂的房梁是一整套梁架结构。搭建好柱子及房梁，一座房子的基本结构就算完成了。

架房梁

铺设屋面、建造墙壁

屋面是建筑物屋顶的表面。屋面的底部是由椽组成的框架结构，需要在椽上铺设并固定茅草、瓦片等屋面材料用来防雨。

屋顶结构

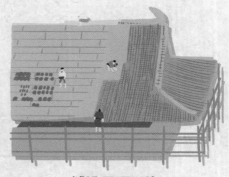

铺设屋顶瓦片

搭架子的工人

除了铺设屋面，还要砌墙。古建筑墙体使用的材料有砖、石、土、木、竹等。较早出现的一种墙体构造是木骨泥墙。

在铺设屋面和建造墙壁时，如果建筑比较高，还需要用木材或竹子搭脚手架，称为"搭架子"。我们经常在工地上看到的房子外面的立体支架就是脚手架，它们一层层环绕在建筑外，是工人施工时的工作平台，有了脚手架，就可以修建比较高的建筑。

安装屋门

安装栏杆

收尾

此时，一座有顶有墙的房子已经基本建好，但还缺一些配套的构件，比如楼梯、门、窗、栏杆，有时候还需要再装饰一下，比如画上壁画、彩绘等。

绘制彩绘

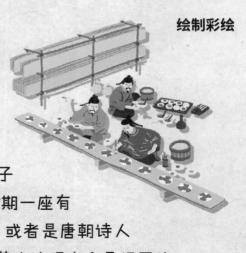

一座房子就这样盖好了。从盖房子的过程来看，你能猜出它是春秋战国时期一座有钱人家的住宅，还是汉朝的一座宫殿，或者是唐朝诗人的山间别墅吗？有没有发现，盖房子的基本流程古今是相同的，我们聪明的祖先早就掌握了关于建筑的很多奥秘。

有房，有家，有村落

最早的建筑是什么时候出现的？这个问题现在还没有确切的答案。考古学家发现过四五十万年前的木质结构，可能代表了已知最早使用木材的建筑，但可能还有更早的建筑没有被发现或者没能保存下来。人类的祖先一开始并不会盖房子，而是像鸟儿一样在树上搭巢，或像野兽一样住在天然洞穴中。一直到旧石器时代晚期，随着劳动工具的发展，人类的祖先才开始在地球的各个角落以各种各样的方式建造房屋。

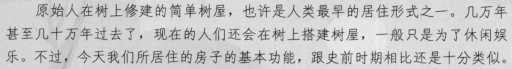

　　原始人在树上修建的简单树屋，也许是人类最早的居住形式之一。几万年甚至几十万年过去了，现在的人们还会在树上搭建树屋，一般只是为了休闲娱乐。不过，今天我们所居住的房子的基本功能，跟史前时期相比还是十分类似。

最早的"房屋"——山洞和树巢

原始社会时，人们最早住在天然的山洞里，把山洞当作房子，北京周口店的北京人和山顶洞人就是如此。我国各地还发现过很多这样的山洞。

聪明的原始人会选择大小合适、高度适中、洞口朝南、靠近水源的山洞。住在这样的山洞里比露天居住舒服得多，可以遮风挡雨，夏天避免暴晒，冬天也比较暖和，在洞口生一堆火就可以挡住凶猛的野兽，发洪水时不用担心被淹没。

北京周口店山顶洞人居住的山洞

据古代文献记载，除了山洞，一些地方的原始人还向鸟儿学习，在树上建造鸟窝一样的树巢。虽然住树巢爬上爬下有点儿不方便，但树巢也有很多优点，比如不必担心下雨造成的积水，也不用害怕在地面活动的猛兽毒虫钻进家里。

找不到山洞，就造一个吧

住山洞挺舒服的，可是随着人口数量的增加、活动范围的扩大，一些原始人不得不离开"家"，寻找新的山洞。但天然的适合居住的山洞不是那么容易寻找的，那可怎么办呢？

要是能自己"造"山洞就好了。

那就人造山洞。当然，人造山洞需要一定的自然条件。陕西、山西位于黄土高原，到处都有黄土堆积的土崖，黄土土质均匀、不易倒塌。生活在这一带的古人，可以在土崖上人工挖出一个山洞一样的洞穴，住进去，这就是窑洞的前身。窑洞至少有 4000 年的历史了，是历史非常悠久的住宅形式。

　　直到今天，窑洞依然是黄土高原地区的特色住宅。窑洞有多种类型，除了从土崖直接开挖的靠崖式窑洞，还有先挖个方形大坑再挖窑洞的下沉式窑洞，以及仿照窑洞形状用砖或土坯在平地上砌的独立式窑洞。

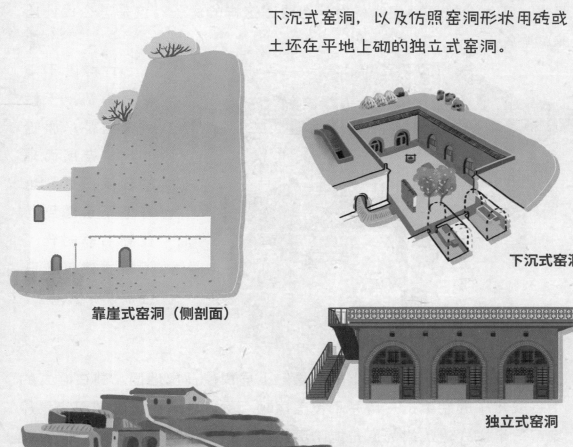

靠崖式窑洞（侧剖面）

下沉式窑洞

独立式窑洞

黄土高原上的村落

有了"楼"和"墙"，就有了家和村落

你见过傣族的竹楼吗？竹楼下层是空的，由两米多高的柱子支撑，过去，人们会把家里的牛马拴在柱子上，现在，有人把家里的小汽车停进去。这样的竹楼作为少数民族地区的特色民居，吸引了很多人的目光。有人会好奇地问："为什么要建这样的房子？这是怎么设计出来的呢？"

> 快走，要集合上车了！

> 这么特别的房子，给我拍张照片吧！

竹楼属于干栏式建筑。干栏式建筑是从原始的树巢发展而来的建筑形式。也许你不会想到，在新石器时代，干栏式建筑就已经被设计出来了。

干栏式建筑一般分为上下两层，上层房屋高出地面，建在竖立的木头或竹子的底架上，用茅草覆盖房顶，可以住人，下层则用来豢养家畜。干栏式建筑的优点是能防潮防震、避开地面活动的蛇虫、合理利用空间。这样实用的建筑形式，一直到汉代，仍在长江中下游及其以南流行。

巢居向干栏式房屋演变的过程

栏杆

栏杆是我们很熟悉的东西，是阳台、看台、桥等边上起拦挡作用的构件。栏杆古代也写作"阑干"。"阑"由门和柬组成，柬指分散的木条，"阑"的本义是门前遮挡的栅栏。"干"的甲骨文像一根有丫杈的木棒，指先民狩猎用的武器，本义是武器，后来也指盾牌。了解了"阑""干"的本义，就不难理解"阑干"的意思了。

甲骨文　　金文

建造这么复杂的房子，说明人们已经定居在某个地方了。

要定居，就不能是一家一户，而是大家在一起居住。

人们在距今 7000～5000 年前的河姆渡遗址中，发现了由多座干栏式建筑组成的村庄。村庄里还有公用的水井。

在河姆渡人的干栏式住宅里，考古学家们发现了很多黑陶、漆器等生活器皿，还有原始的织布机。河姆渡人在房屋下层养猪、狗等，还堆放一些杂物。

河姆渡人村庄里带有草棚的水井

河姆渡遗址中的干栏式房屋上，有不少用石器加工出的榫（sǔn）卯（mǎo）结构。榫卯是在两个木构件上采用的一种凹凸接合的连接方式。凸出部分叫榫（或榫头）；凹进部分叫卯（或榫眼、榫槽）。榫和卯咬合，起到连接作用。

经过发展以后，榫卯技术已经出神入化，出现了一颗钉子都不用，只用木头凹凸相接而建造的 60 多米的高塔——建于 1056 年的应县木塔。这样的技术也传到了日本等国，为世界所惊叹。

藏在建筑里的成语

【可丁可卯】

有时候我们会听到这样的话："这个人办什么事都可丁可卯的，怎么一点儿变通的余地都没有？"可丁可卯这个词其实就来自"榫卯"技术。"丁"指的是榫，好的榫卯结构要求榫与卯咬合得严丝合缝、恰到好处，榫卯之间的缝隙太大则不稳固，缝隙太小则榫膨胀时容易把卯撑裂。因此，就有了"可丁可卯"这个形容恰到好处、不多不少正合适的词。随着时间的推移，这个词有了更多意思，可以用来形容一个人过于严苛、古板、不知变通。

博物馆中的建筑

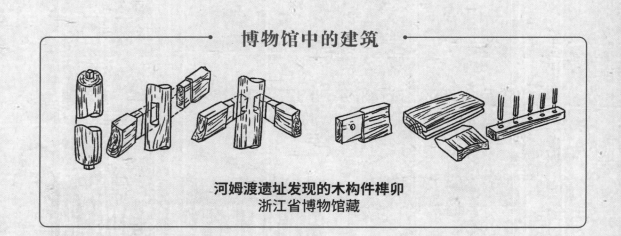

河姆渡遗址发现的木构件榫卯
浙江省博物馆藏

与南方地区的干栏式建筑几乎同时期，北方黄河流域的房屋发展成了木骨泥墙建筑，较干栏式建筑技术含量低，不过更适合北方相对寒冷的气候。

地面 - - - - - - - - - - 地面 - - - - - - - - - - 地面 - - - - - - - -

地穴　　　　　　　　半地穴　　　　　　木骨泥墙原始地面房屋

木骨泥墙房屋的演变过程

　　早期的木骨泥墙建筑是半地下的建筑，屋内向下挖掘，屋内地面低于外面的地面，通过阶梯或斜坡进出房屋。

半地下的木骨泥墙建筑　　　　　　　**地上的木骨泥墙建筑**

　　后来，木骨泥墙建筑逐渐变成在地面上的建筑。建造木骨泥墙建筑，先在房屋四周挖掘柱洞来固定柱子；在木柱之间用竹木条编成篱笆，然后在篱笆两面抹搅拌了草茎的泥土，这些泥土经过火烤后就变成了结实的木骨泥墙，最后用茅草覆盖房屋的屋顶。

　　在距今 6000 多年前，陕西西安一带的半坡人就居住在木骨泥墙建筑组成的村落里，过上了农耕定居的日子。

半坡人的村落复原模型

夏商周

城市的发展
住宅的考究

　　夏朝是中国奴隶社会的开端，人们有了阶级之分。到了商朝、周朝，青铜器制造工艺高度发展，古人的建筑水平也大大提升。不同阶级的人会分开居住，做不同事情也要在不同的场所，因此建筑形式也丰富起来。

我在运动场上挥汗如雨地踢球。你去逛商场，在那种人们摩肩接踵的地方，有什么好玩的？

你可真会用成语。你可知道，这两个成语曾经用来形容同一个地方吗？

中国在史前时代就已经有了村落，而在 4000 多年前，就已经有了城市。那时候的城市规划，以及城市里人们对自家庭院的设计理念，一直到今天还有一定的借鉴意义。

没错，这两个词都用来形容我们这时候（春秋末期）临淄城的繁荣热闹！踢球、斗鸡等娱乐活动很常见，逛街的人也很多呢！

城 + 市 = 城市

奴隶主让奴隶们建造城墙，围出的空间称为"城"。城中搭建高大的夯土台，在台上建造高大敞亮的宫殿、宗庙，以供自己居住、使用。而奴隶们住在城外半地下的窝棚里。

除了居住的"城"，还有专门进行交易的地点，叫作"市"。不过随着社会的发展，越来越多的人进入城中生活，居住和交易地点的区分不再那么明显，于是，城市产生了。

春秋时期的城市除了贵族和官员，也有百姓居住。住在城市里的百姓被称为"国人"，住在城外的百姓被叫作"野人"。

国人和野人有什么区别呢？野人是负责"打野"（电子游戏术语）的，对吗？

不对！国人是城市居民，可以当兵；野人是农业人口，只能从事农业生产。

到了战国时期，随着铁器等工具的大量使用，技术和经济都得到快速发展，大型的城市开始出现，其中聚集了大量工匠和商人。城市规模扩大后，开始分为"城"和"郭"两部分，城是贵族、官员等居住的内城，郭则是普通百姓居住的外城。有的城、郭是并排的，有的则是城在郭内。

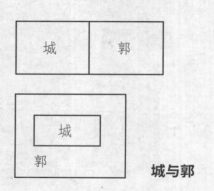

城与郭

原来如此

郭姓

你身边有姓郭的同学和朋友吗？看到这里，你会不会怀疑他们的姓跟城郭有关系呢？你猜对了。姓郭的朋友们，很可能他们的祖先在古代居住在外城（也就是郭），因此被称为"郭氏"。有的郭姓祖先还会因住在外城的不同方位，而复姓东郭、南郭、西郭和北郭呢。当然啦，也有一些郭姓不是源于此，不能一概而论。

我是住在城外东边的东郭先生。

我是一匹来自北方的狼。

当时著名的大城市有齐国的临淄、魏国的大梁、赵国的邯郸等。《战国策》记载，临淄城非常富裕，居民没有不喜欢演奏乐器的，还喜欢斗鸡、走狗（使狗赛跑的游戏）、六博（一种棋类游戏）、踏鞠（一种踢球游戏）等娱乐活动。

藏在建筑里的成语

【挥汗如雨】

现在的意思是天气热或者剧烈运动之后，人流了很多的汗。这个词最初与战国时期临淄城的热闹繁华有关。据说城内的道路上，车辆和行人都特别多，车轮相互撞击，人的肩互相摩擦，人们衣襟相接就成了帷幔，举起袖子来就成了帐幕，挥洒的汗水像雨水一样。

战国时期临淄城的建筑，远远望去可能是下图这样。

住宅设计有说法

战国时期，城市中的房子是什么样子的呢 **?**

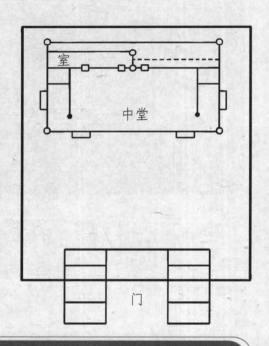

来看古代贵族士大夫的住宅——一座典型的城市住宅。这是庭院式的住宅，被围墙包围，入口有门和门房，一进门为宽敞的庭院；最大的房间是用于会客和举行仪式的中堂，中堂两旁是厢房和夹室，中堂后面是寝房，也就是室。这种庭院格局对中国建筑的影响一直延续到今天。

原来如此

深奥

一门学问很深奥，我们就很难学会；一个道理很深奥，我们就很难想明白。深奥的意思是艰深难懂。这个词来源于古人的房屋构造。"奥"是"室"的别称，位于中堂后面，一般是比较深邃、幽暗的所在。久而久之，就形成了"深奥"这个词，引申为道理和学问艰深，要探索到深处才能搞明白。

藏在建筑里的成语

【登堂入室】【堂堂正正】

古人住宅前面是堂，后面是室。来到一户人家，先登堂，然后才能入室，因而登堂入室就有更进一步的意思。这个成语出自《论语》，比喻学问或技术达到了很高的水平。堂的东、西、北面有墙，南面向阳，敞亮并且方正。"堂堂正正"形容光明正大，也形容身材威武，仪表出众。这个成语也是源于"堂"的格局。

【美轮美奂】

有一些贵族会把自己的房屋建造得非常华丽。春秋时期，晋国的一位正卿赵武（人称晋文子）新建了一座房屋，落成那天，晋国的大夫们纷纷前往致贺。其中有一位被称为张老的人，他的贺词是："美哉轮焉，美哉奂焉！歌于斯，哭于斯，聚国族于斯。"意思是：好高大呀，好漂亮啊！既可以在这里祭祀唱诗，也可以在这里居丧哭泣，还可以在这里举办宴集国宾、聚会宗族等活动。这番贺词为我们留下了一个成语"美轮美奂"，形容新屋高大美观，也形容装饰、布置等美好漂亮。

宫殿、宗庙有讲究

宫殿是天子或一国诸侯居住的建筑，能够反映一个时期的最高建筑成就。那个时候的宫殿是什么样的呢？战国时期，秦国都城的咸阳宫曾被考古发掘，它的夯土台有 6 米高，面积近 3000 平方米（大约半个足球场那么大），研究发现昔日台上的宫殿包括殿堂、起居室、浴室、仓库和回廊等建筑，屋内有冬天取暖的火炕和壁炉，还有储藏食物的地窖，以及用陶管建造的排水系统。

秦国咸阳宫

宗庙是天子祭祀祖先的地方，对于一个国家来说，宗庙十分重要。西周的时候，用来祭祀的宗庙叫"明堂"，它的样子也许会让你大吃一惊——这不就是我们现在还能见到的四合院吗？

陕西岐山凤雏遗址甲组建筑基址复原图

没错，目前发现的最早的四合院，就是西周的宗庙。四合院是一种四面是屋子、中间是院子的建筑。1976年，考古学家在陕西岐山凤雏村发掘出一组大型宫殿建筑基址。许多专家认为它应是周人的宗庙。该建筑是我国现存最早的四合院实例。这座四合院内所有建筑的屋顶都铺着瓦，地下铺设了用来排水的陶管和暗沟，墙壁用白灰、沙子、黄泥组成的三合土抹平，建筑技术已经相当高超。而且这座四合院已经是两进院落了。

两进院落是什么意思呢？

一进院落

五进院落

在四合院等中式建筑中，房屋、廊子和墙壁等把院子围成一个"口"字形布局，就叫一进院落。两进院落是由两个"口"字形组成的"日字形"布局，三进院落是"目"字形布局，以此类推。三进院落是后来四合院最常见的布局。

哇！大豪宅啊！

春秋战国时期出现了建筑类专业书籍《考工记》，堪称当时的建筑百科全书，内容涵盖城市规划、建筑设计、营建制度、工艺美术等方面。

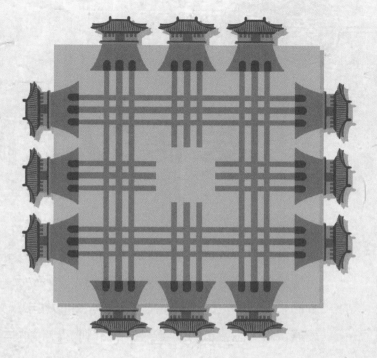

《考工记》中的王城规划：面积为方圆9里（大概相当于现代的3000米×3000米），四面城墙每面各3座城门，城中纵横各有9条大道。

春秋时期还出现了我国建筑行业的祖师爷——鲁班。至今，我国建筑行业还有一个表彰优质工程的奖项——"中国建设工程鲁班奖"，简称"鲁班奖"。

经过夏、商、周与春秋战国时期，中国建筑的特色已经基本形成了。什么人住在什么地方、如何设计这些住所、需要注意什么，古人对这些问题已经给出了基本的答案。接下来，这些城市、房屋会如何发展呢？

藏在建筑里的成语

【班门弄斧】

这个词相当于"关公门前耍大刀"，意思是在行家面前卖弄本领，不自量力。"班"就是鲁班，而"斧"是木工常用的工具。鲁班不仅是建筑行业的祖师爷，也是木匠的祖师爷呢。

秦汉

秦砖汉瓦闪耀时

　　秦始皇嬴政建立了我国古代第一个封建王朝后，野心勃勃、大兴土木。可惜秦朝只统治了短短 15 年就结束了。之后，汉朝建立并统治长达 400 多年，其间长安、洛阳等都曾成为皇都。汉朝的城市规划和建设，以及建筑工艺的发展，对中国建筑的发展产生了不可磨灭的影响。

我刚看到紧张的地方！你说鸿门宴上刘邦借着上厕所就跑掉了，这怎么可能呢？难道是从厕所的窗户翻出去的吗？

你怎么还不出来？是不是又在厕所里看书呢？我早就说过，这样不健康！

同学们有所不知，我们这时候厕所在猪圈上方，太臭了，士兵都懒得把守。我先行一步了！

刘邦从猪圈脱身的故事，也许只是人们结合那个时代的民居特色而进行的调侃和演绎，不一定是真的。今天，我们几乎无法再看到秦汉时期的房屋了，却把那时候人们在砖瓦上雕刻的花样用在了很多地方。那时候人们营建宫殿所摸索出的规则和范式，对今天大型建筑群落的设计依然有影响。去看看秦汉时期的建筑吧！

汉代住宅，
完美诠释一个"家"字

汉代普通百姓的住宅比较简单朴素，一般是一层或两层的，面积往往不大，家具很少，但一般都会有个小院子。两层楼的住宅，上层住人，下层一般不住人，而是用来饲养狗和猪。

原来如此

家和猪的关系

人们把自己的住宅称为"家"，这是一个非常温馨的字。"家"字的字形是房顶下面一只豕，豕就是猪的意思，"家"的本义是定居的家庭生活，引申为家庭、人家、专家等义。古代很多人的家里会圈养一头猪，或者说，有了猪，这个家才完整呢！

甲骨文 ➡ 家

这样的民居从卫生的角度来看，可以说条件比较差，居所、厕所和猪圈相连，人畜混住，甚至厕所就修在猪圈上方，人的排泄物直接排进猪圈里，就难免臭气熏天，还容易使人得传染病。

可是这样的设计也有好处，人的粪便直接进入了猪圈成为猪的食物，一点儿都没有浪费，并且不需要每次排便都人工搬运出去，还可以堆肥，所谓"肥水不流外人田"。

汉代陶器里的住宅模型

与猪圈建在一起的厕所味道太难闻了，平时人们不愿意靠近。传说刘邦在鸿门宴上得知项羽要暗害自己，就是从厕所里逃跑的。

比较富裕的人住在宽敞的庭院里，庭院分为前院和后庭，有的还有跨院——正院旁边的院子。庭院中有厅堂，还有楼阁、厨房、杂屋和水井，生活条件不错，卫生条件也比普通住宅好得多。

东汉时期庭院画像砖拓片

博物馆中的建筑

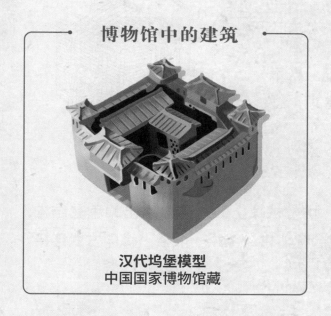

汉代坞堡模型
中国国家博物馆藏

官员、贵族、地方豪强居住的庄园更加豪华，有的大型庄园里面甚至容得下园林。有些位于城外的庄园建得具有防御性，四周是高高的墙，四角建设有可以瞭望的望楼，像一座城堡一样，被称为"坞堡"。

木结构技术日益完善

经过几千年的发展，秦汉时期的木结构技术已经比较完善，抬梁式、穿斗式、井干式等结构已经比较成熟，斗拱也开始大量使用。

抬梁式

又称叠梁式，室内减少柱子数量以扩大空间，在立柱上架梁，梁上又抬梁。一般用在宫殿、庙宇、宫观等大型建筑中。

穿斗式

用穿枋（fāng）把密集的柱子穿起来，形成房架，再通过檩（lǐn）条、斗枋形成屋架。适用于居室等小空间的建筑。

井干式

因为像古代水井上的栏杆而得名，结构较为简单，不用立柱和大梁，以木料向上叠成房屋四壁，并支撑屋顶。适合木材资源丰富的地区。

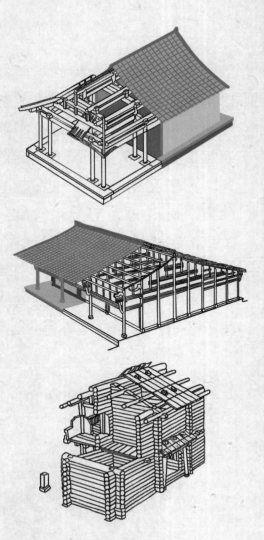

斗拱

我国建筑特有的一种结构。拱是柱顶上的一层层探出的承重结构，斗是拱与拱之间垫的方形木块，合称斗拱。斗拱一般通过榫卯方式连接。

通过榫卯方式把复杂的结构件连接成一体的斗拱模型

精美的建筑工艺——秦砖汉瓦

除成熟的木结构之外，"秦砖汉瓦"也是秦汉时期建筑工艺的代表。砖是一种可以组合起来的小型建筑材料，瓦是一种铺屋顶的建筑材料，砖瓦都是用黏土等原材料烧制而成的。砖和瓦是聪明的古人从烧制陶器中获得灵感而发明的，考古发现了约3000年前西周时期的砖瓦。

秦汉时期的很多砖瓦极具艺术欣赏和文化研究价值。"秦砖汉瓦"用了互文的修辞方式，并不是指秦朝的砖、汉朝的瓦，而是指秦汉的砖和瓦。后世的人们用这样的说法表达对秦汉时期建筑工艺的赞叹。

秦朝的砖上主要有各种纹饰，以及游猎和宴客等画面，有的刻有文字。汉朝画像砖盛行，砖画内容非常丰富，如建筑、人物、动物、娱乐、生活、神话等。

秦朝的瓦当上有植物纹、动物纹和云纹等纹饰，有的也有文字，较少见图案。汉朝以文字瓦当最常见，有的写着"万岁"，有的写着"长乐未央"，有的写着一句话"天地相方与民世世中正永安"……都是吉祥话语；动物图案的瓦当也很常见，既有青龙、白虎、朱雀、玄武等神兽，也有兔、鹿、牛、马等古人能经常见到的普通动物。

博物馆中的建筑

秦汉时期歌舞打猎砖
西安秦砖汉瓦博物馆

汉代龙纹空心砖
西安博物院藏

西汉"万岁"瓦当
陕西历史博物馆藏

汉代四神瓦当（青龙、白虎、朱雀、玄武）
陕西历史博物馆藏

时光中的建筑瑰宝

没修完的阿房宫

阿房宫是秦始皇修建的巨型宫殿，据记载规模非常大，足足有 20 个故宫加起来那么大。但直到秦始皇死时，这座宫殿还没有完工，目前考古发现的阿房宫前殿遗址大约是故宫面积的三分之二。

这是民间传说。有一种说法认为，"阿"有大土山的意思，阿房宫因前殿建在大土山之上而得名。考古挖掘证明，阿房宫前殿遗址确实位于地势很高的丘陵之上。

据说秦始皇爱上了一个叫阿房的女孩子，所以把这座宫殿命名为阿房宫。

藏在建筑里的成语

【钩心斗角】

这个词的意思是人和人之间耍心眼儿、明争暗斗。不过，它最初却用来形容建筑的精巧，出自唐代杜牧的《阿房宫赋》。心指宫室的中心，亭台楼阁等环绕着宫室中心称为"钩心"；角指屋檐檐角，檐角与檐角相互对峙称为"斗角"。钩心斗角又写作"勾心斗角"。

阿房宫前殿复原想象图

中国第一座佛寺——白马寺

白马寺位于今天的河南省洛阳市，是中国历史上第一座佛寺，因此被称作"中国第一古刹"。

据传东汉明帝派遣使者赴天竺国（印度）求法，使者和中天竺僧人用白马将佛经、佛像驮回都城洛阳。明帝敕令在洛阳城的西雍门外兴建了一座寺庙安置佛经、佛像，为了纪念驮经的白马，这座寺庙被命名为"白马寺"。白马寺建成后成为中国佛教对外交流和译经的中心。白马寺屡经战乱，数度兴衰，古建筑所剩无几。中华人民共和国成立后，对它进行了全面修复。

白马雕像

白马寺门

盖房子啦！这里是秦汉时期的古人建造房屋的现场，其中混入了一些不符合时代特征的东西，你能找到吗？

（答案见本书第 112～113 页）

魏晋南北朝

不止四百八十寺

魏晋南北朝时期，中国处于长期分裂的状态，战争频繁，百姓深受其害。这个时期，佛教在中国大地上得到广泛传播，也许是因为佛教所宣传的思想，在一定程度上可以减轻人们内心的苦痛。佛教文化融入了中国传统文化，大江南北也涌现出大量的佛寺、佛塔等佛教建筑。不过，由于战乱的影响，建筑技术的发展比较缓慢。

云冈石窟、龙门石窟、敦煌莫高窟……这些都是古人留下的了不起的艺术宝藏！

这些艺术品还承载着很多历史记忆呢！

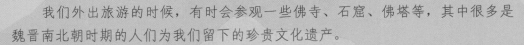

我们外出旅游的时候，有时会参观一些佛寺、石窟、佛塔等，其中很多是魏晋南北朝时期的人们为我们留下的珍贵文化遗产。

上自皇帝，下至百姓，都喜欢佛像。我雕刻佛像，尽量按照汉人的样貌雕！

佛城洛阳

北魏时，原本东汉、西晋的都城洛阳已经由于战乱变成一片废墟。北魏孝文帝迁都洛阳后，大规模建造佛寺、佛塔。北魏时期的洛阳城是我国历史上佛寺最多的城市，据记载鼎盛时有1367座佛寺，可谓是一座佛城。

这一时期的寺院建筑格局以佛塔为中心。佛塔是供奉舍利（佛、高僧的遗体焚烧后结成的珠状物）、经卷或法物的建筑。佛塔传入中国后形态发生改变，形成具有典型中国文化特征的木塔，此外，还有砖塔和石塔。佛塔是佛陀的象征，供信徒敬拜，大型的佛塔还可以供人们登高观赏风景。

北魏最大的佛寺是洛阳的永宁寺，寺中有巨大的永宁寺塔。永宁寺塔是当时最宏伟的木塔，始建于516年，9层，高130多米，相当于40层的大楼那么高。永宁寺塔是专供皇帝、太后礼佛的场所，可惜建成仅仅16年就被大火烧毁了，如今尚存塔基遗迹。

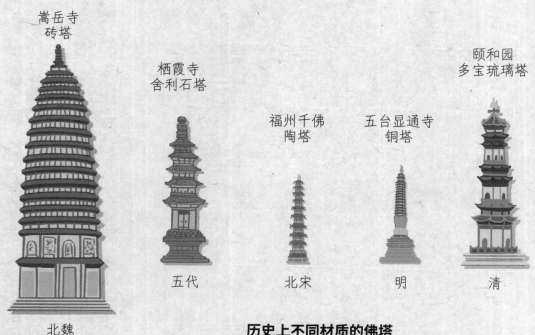

嵩岳寺
砖塔

栖霞寺
舍利石塔

颐和园
多宝琉璃塔

福州千佛
陶塔

五台显通寺
铜塔

北魏　　　　五代　　　　北宋　　　　明　　　　清

历史上不同材质的佛塔

原来如此

浮屠

人们常说"救人一命，胜造七级浮屠"。浮屠是什么？是梵语（古印度语）佛塔的音译。人们捐钱盖一座高高的佛塔，不仅能表达自己对佛教的信奉、对佛祖的敬仰，还会给自己带来福报。但是佛教徒会告诉人们，救人一条性命，胜过建造七级宝塔，功德无量。后来，人们常用"救人一命，胜造七级浮屠"劝人做好事、行善举。

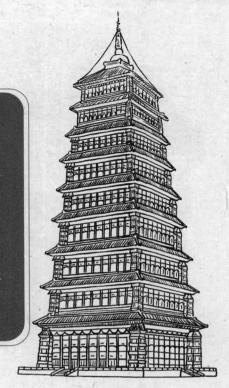

永宁寺塔复原图

千年石窟

石窟也是一种佛教建筑，是在山崖上开凿出来的洞窟，里面有佛像、佛塔、佛教故事的壁画等。从北魏至隋唐是修建石窟的鼎盛时期。我国三大著名石窟是：敦煌莫高窟、云冈石窟、龙门石窟。

莫高窟，位于甘肃省敦煌市的鸣沙山，俗称千佛洞，始建于约1600年前，后来又经过多个朝代的兴建，现存700多个洞窟、4.5万平方米壁画、2000多尊塑像，是世界上现存规模最大、内容最丰富的佛教艺术宝窟。

据说莫高窟是佛祖显灵，一夜之间形成的。还有人见过那时候金光万丈的样子呢！

莫高窟的九层楼，民国时期才修建成现在的模样。

你真的相信吗？其实啊，这是由人创造的奇迹！

云冈石窟昙曜五窟之一（内部细节）

云冈石窟，位于山西省大同市的武周山，始建于约1500年前，现存主要洞窟40多个、大小造像5.9万多尊。

云冈石窟中北魏时期开凿的昙曜五窟（第 16 ～ 20 窟）

龙门石窟，位于河南省洛阳市的龙门山，比云冈石窟稍晚开凿，经过南北朝、隋、唐、宋等多个朝代的开凿，现存 1300 多个洞窟、大小佛像 10 万多尊。

龙门石窟卢舍那大佛

龙门石窟中北魏时期开凿的宾阳南洞

魏晋南北朝时期的佛教造像，北方以石窟居多，南方则以寺庙雕塑为主。

江南春

[唐] 杜牧

千里莺啼绿映红，水村山郭酒旗风。
南朝四百八十寺，多少楼台烟雨中。

"南朝四百八十寺"描述了南朝京城建康（今江苏南京）寺庙数量之多。"四百八十"应该是泛指，并不是确切的数字，但是南朝时江南曾经有几百上千座寺庙，应该是真实的。

时光中的建筑瑰宝

悬崖上的寺庙——悬空寺

在山西省大同市，有一座悬挂在悬崖之上的寺庙——悬空寺。它始建于北魏时期，多次被毁坏重建，今天我们所见到的悬空寺主要重建于明清时期。悬空寺的下面就是深达近百米的深渊，当地民谣是这么唱的："悬空寺，半天高，三根马尾空中吊。"现存悬空寺整体呈"一院两楼"的布局，南北两座雄伟的高楼凌空相望，栈道飞架将高低错落的 40 间楼阁殿宇连接在一起。

虽然悬空寺看起来很危险，仿佛马上就会掉下来，但其实建筑结构很稳定，古代建筑师巧妙利用力学原理，半插横梁为基，巧借岩石暗托，使木质框架式结构稳立在岩壁上，还具有良好的抗震、防雨功能。

这悬空寺，该不会是外星人空投的吧！

怎么可能，这可是古代劳动人民智慧的结晶。

千古风流铜雀台

据说曹操半夜梦到金光由地而起，第二天找到这个地方，在地下挖出了一只铜雀，所以决定建一座铜雀台。铜雀台建好后，曹操在它旁边还建了金凤台、冰井台，因为它们都建在邺城，合称为"邺三台"。

曹操所建铜雀台原高 10 丈，有殿宇百余间。十六国后赵君主石虎在位时期，又增高了 2 丈，并在台上建 5 层楼，高 15 丈，总高度相当于今天 20 多层的大楼。据说铜雀台上金碧辉煌，楼顶上有一只大大的伸展翅膀仿佛要起飞的铜雀，连窗户都是用铜制作装饰的，阳光照在铜饰上，流光溢彩，十分美丽。

曹操建成铜雀台后十分得意，曾经带着自己的几个儿子到台上去举行建成典礼。每个儿子都献上了一首《登台赋》，写得最好的是曹植，他用"建高殿之嵯峨兮，浮双阙乎太清"歌颂铜雀台的雄伟高大。如今，铜雀台地表只存高度约 5 米的东南角部分夯土堆。

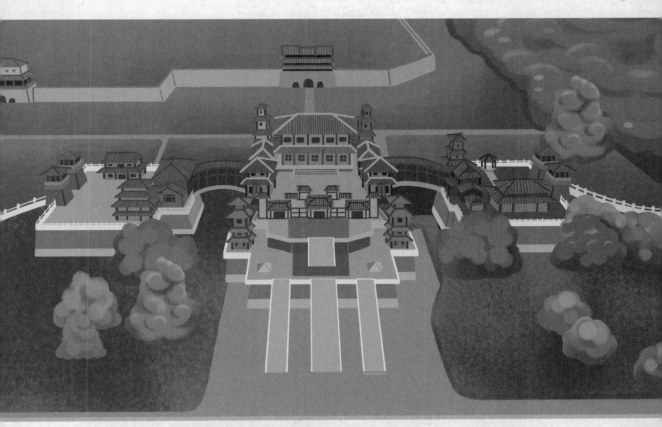

位于涿州影视基地内的现代修建的邺三台

55

隋唐

住在繁华盛世里

隋朝建国于 581 年，589 年灭陈，结束了南北分裂的局面，完成统一，但隋政权很快灭亡。随后，618 年唐朝建立。隋唐时期的社会经济非常繁荣，文化和艺术的发展都达到了高峰，房屋建筑的技艺也发展到非常高超的水准。

大唐国力强盛，文化繁荣。倭国（日本）多次派出遣唐使前来学习先进文明成果，其中也包括建筑工艺。倭国的平安京（今京都）模仿隋唐长安、洛阳营建而成。你觉得眼熟，是因为这座建筑有大唐建筑的影子。

隋唐时期的人们在庭院环境的设计、房屋门窗地砖的美化方面为我们做出了示范和开创，在今天我们的建筑中还可以见到受其影响而保留的式样。

去大唐长安买房子

隋朝建立后，在西汉长安城旧址（今陕西省西安市西北约 3000 米处）附近重新修建了一座都城，叫作大兴城（今陕西省西安市）。到了唐朝，在大兴城基础上扩建而成长安城。

长安城内施行坊市制度，坊是居住区，市是商业区，城内 100 多个坊和东市、西市，就如同棋子，被宽敞而平直的街道串联在一起。走在长安城的大街上，只能看见围墙，看不见里面的房屋等，这样的规划便于治安管理。

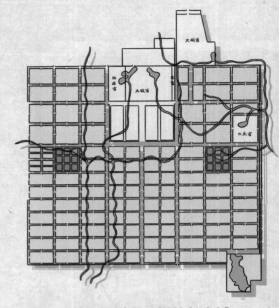

布局像棋盘一样的长安城

在唐朝，官员和百姓的房屋大小是有规定的，不过有权有势的人并不完全遵守规定，有的高官一家的住宅就占了长安城里一个坊的四分之一，占地 14 万平方米，里面住了足足 3000 人。

长安城里普通中产家庭想要买一套房可不容易。写过"天街小雨润如酥，草色遥看近却无"的大诗人韩愈曾长时间担任中下级官员，一直存了 30 年钱，到 49 岁才在长安城里买到第一套房子。没房的官员一般住在朝廷提供的"公馆"或"官舍"里，或者借住在寺院中。

根据韩愈在《示儿》诗中的描述，他好不容易买下的房子装饰并不华美，有一间高大的中堂，是用来祭祀祖先的。中堂南屋是宴客的地方，庭院里有八九株缠绕着树藤的大树。坐在东堂里可以看见远处的山。南边的亭子外长着松树，旁边还有一块种着瓜和芋的菜田。西边的房屋不多，有槐树和榆树，绿树成荫，树上鸟儿每天鸣叫，感觉好像住在山里。诗人的妻子在北堂料理家务，也就是东房靠北的房间。

这是唐长安城里的一座房子，根据韩愈的描述对照一下，有哪些不同之处呢？

（答案见本书第 113 页）

北

南

唐代建筑有多美

唐代的建筑艺术风格鲜明独特，屋顶坡度较为平缓，出檐较长，斗拱比例较大，木柱粗壮，整体建筑显得规模宏大、庄重、朴实。

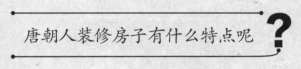

唐朝人装修房子有什么特点呢？

唐代建筑的室内营造，在我国古建筑历史中可是一个高潮啊，既有非凡的气魄、丰富的色彩，又有精美的装修技艺，把古建筑中原有的很多局部构建发展到了美轮美奂的程度，是大唐盛世文化与美学的体现。我们来看看长安的富户装修房屋必不可少的几个细节。

花砖

在以"秦砖汉瓦"著称的秦汉时期，各种建筑多以方砖、条砖铺地，而到了唐朝，盛行以花样繁多的花地砖铺地。这些花地砖的装饰纹样繁复丰满，造型生动逼真，雕刻精细华美，走在这样的地砖上是不是会步步生香呢？

牡丹纹砖

卷草宝相纹砖

莲花纹砖

花窗

汉代已有花窗，唐代花窗更是成为建筑艺术中的重要组成部分。唐诗里多次提到的绮（qǐ）窗、文窗等，都是花窗的别名。

原来如此

窗与户

现在我们说的"窗户"，是墙上通气透光的装置。可是在古时，窗和户是两样东西。

我们从古汉字的字形来看两者的区别：

金文"窗"

窗原作"囱"，你一定想起了烟囱，没错，窗最早就是开在屋顶上的洞。很早之前的房子，屋顶上的洞可以通气透光，也可以排烟。后来随着技术的发展和需求的提高，窗是窗，囱是囱，有了区分。

小篆"窗"

户，象形字，你看它的甲骨文字形像什么？

甲骨文"户"

像单扇门的样子，户的本义就是单扇门。房子不管大小，都要有门。富裕、等级高的家庭有对开的大门，贫穷的百姓家可能只有单扇门。因此"户"会用来指代平民百姓。古时候皇帝把平民百姓以户为单位封赏给贵族亲属或者功臣、官员，假如赏赐你500户，意思是有500家平民百姓（多是农民）都要把自己的劳动所得拿出一部分交给你、供养你的生活。

在汉代，最高级别的封赏是"万户侯"，顾名思义，是可以吃10000户平民百姓的供养。在后来的朝代中，实际上的万户侯已经很少了，而"万户侯"这个词就成了高官厚禄的代称。

杂诗三首·其二

[唐] 王维

君自故乡来，应知故乡事。

来日绮窗前，寒梅著花未？

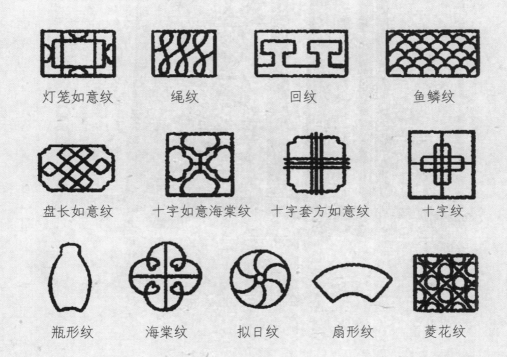

灯笼如意纹	绳纹	回纹	鱼鳞纹
盘长如意纹	十字如意海棠纹	十字套方如意纹	十字纹
瓶形纹	海棠纹	拟日纹	扇形纹

部分古代花窗样式

藏在建筑里的成语

【八面玲珑】

说一个人"八面玲珑"，意思是为人处世非常圆滑，待人接物面面俱到，不得罪人，看起来很聪明。这个词略含贬义，因为中国人喜欢直爽、憨厚、诚信的性格。其实这个词最早是用来形容建筑的窗户明亮轩敞的，出自唐代诗人卢纶的诗句"四户八窗明，玲珑逼上清"。

绘制壁画的匠人

彩绘墙壁

唐朝人热衷于装饰墙壁，文人墨客喜欢在墙壁上写诗作画，豪绅们把金银珠宝镶嵌在墙壁上，宫廷、官署喜欢把有教育意义的内容画在墙壁上，比如唐太宗在凌烟阁的墙壁上绘画二十四功臣像，这跟我们在墙壁上悬挂科学家、劳动模范的照片作用一样，时时提醒大家要向榜样学习。

普通老百姓的家里很少有花砖、花窗和彩绘墙壁等装饰，他们的住宅非常朴素，最常见的是茅屋。大部分民居里没有专门的厕所，唐朝人有时也和汉朝人一样把厕所和猪圈建在一起。

茅屋为秋风所破歌（节选）

[唐] 杜甫

八月秋高风怒号，卷我屋上三重茅。

茅飞渡江洒江郊，高者挂罥（juàn）长林梢，下者飘转沉塘坳（ào）。

……

娇儿恶卧踏里裂。床头屋漏无干处，雨脚如麻未断绝。

自经丧乱少睡眠，长夜沾湿何由彻！

　　杜甫的这首诗记录了他在成都浣花溪居住时遇到的一件事：他所居住的茅屋，在狂风暴雨之夜出了意外，屋顶的茅草被刮走了，屋里的东西被淋湿了。杜甫发出了"安得广厦千万间，大庇（bì）天下寒士俱欢颜，风雨不动安如山"的宏愿。当时安史之乱尚未平息，诗人由自身遭遇联想到人们的苦难，写下这首诗，表达了忧国忧民的情感。

时光中的建筑瑰宝

别出心裁的祭坛——明堂

　　唐朝的明堂，是中国建筑史上一种非常有创造性的建筑。明堂允许百姓入内参观，人总是络绎不绝，因此成为唐代洛阳城内最引人注目的建筑之一。这是世界历史上体量最大的木质建筑，却仅用了一年多的时间就建成，足可见当时的施工水平之高超。

　　明堂共3层，底层四方形象征四季，中层十二边形寓意十二时辰，上层二十四边形代表二十四节气，屋顶有一只金凤。

明堂复原图

建筑的标本——佛光寺大殿

　　这是位于佛教圣地山西五台山的佛光寺，始建于北魏年间，唐代重建。

　　佛光寺大殿建在低矮的砖台基上，面阔七间、进深四间，有内外两圈柱子，柱子和斗拱

唐代修建的山西五台山佛光寺大殿

等结构都雄浑大气，具有典型的唐代建筑风格。佛光寺大殿是我国排名第二早的木结构建筑，建筑学家梁思成将其誉为"中国第一国宝"。

"唐僧"修建的佛塔——大雁塔

大雁塔，位于今天的陕西西安，是现存最早、规模最大的唐代四方楼阁式砖塔，融合了佛教文化和中国本土文化的特点。

唐朝的大雁塔又名"慈恩寺塔"，是《西游记》里唐僧的原型——唐朝高僧玄奘主持修建的。大雁塔最初只有5层，后加盖至9层，最后固定为7层塔，高约65米。大雁塔经历了多次改建，现在我们看到的大雁塔，已经是明代重修的了。

唐朝建筑的风格特点还是很鲜明的。

没错！壮观的明堂、雄浑大气的佛光寺、巧夺天工的大雁塔、精美绮丽的住宅与庭院，无不透露出大唐的繁华与朝气。

明代重修的西安大雁塔

里里外外的风雅和享受

　　唐代的城市实行里坊制，管理严格，夜晚坊门关闭，居民不得随意出入。宋朝经济发达、科技进步，封闭的里坊制被打破——四通八达的街道、大量的临街店铺、君民同乐的公共性园囿、丰富的夜生活……难怪历史学家说，在宋朝发生了一场"城市革命"，这样的"革命"，首先通过城市中的建筑体现了出来。与此同时，辽、金等政权的建筑风格依然保留了大量唐代遗风。这时，中华大地的建筑风格呈现百花齐放的壮丽景象。

宋朝时，城市规划中的里坊制瓦解了，不管白天黑夜，平民百姓的生活和娱乐都更加方便和丰富。专门的商业建筑增多，酒楼、戏楼的设计建造更具有专门性。宋朝人对生活讲究风雅、精致，在建筑中也追求很多细节，直到今天，我们的生活中还有很多地方承袭了"宋式美学"。

在我们大宋，演出的类型可多了！你可知道，这样对公众开放的演出场所，就是出现在我们这时候！

北宋王朝的都城是东京（也叫汴梁），位于今天的河南开封。北宋灭亡后，南宋王朝把都城迁到了南方的临安，位于今天的浙江杭州。不管是汴梁还是临安，都是交通便利、手工业和商业发达的繁华都市。

建筑，为娱乐服务

如果你穿越到了北宋的东京，见到的将会是此前所有朝代未曾有过的景象——开阔的街道，临街布满了商铺、酒家……就像《清明上河图》里画的一样。并且，你会惊讶地发现，城中最高的建筑竟然不是皇帝的皇宫，而是一座人人都可出入、夜夜高朋满座的大酒楼——樊楼。

鹧鸪天

[宋] 佚名

城中酒楼高入天，烹龙煮凤味肥鲜。
公孙下马闻香醉，一饮不惜费万钱。
招贵客，引高贤，楼上笙歌列管弦。
百般美术珍羞味，四面阑干彩画檐。

传说，宋仁宗微服出宫，曾到樊楼宴饮。这首《鹧鸪天》就描写了樊楼当时热闹非凡的景象。让皇帝都大开眼界的樊楼，其实只有3层，但台基很高，所以它总体应该是四五层楼的高度。据说站在樊楼上是可以俯瞰皇宫大内的。

像樊楼这样的豪华大酒楼，在东京城里还有很多。酒楼的门前大都扎着彩楼欢门和各种样式的花架，上面插着花形、鸟形的装饰品，

民间的一座酒楼建得这么高，难道不违反当时的礼制吗？

皇帝看了都不生气呢！说明那时候人们思想开通，经济活跃！

到了夜里，烛光闪耀，热闹非常。酒楼里面有宽阔的主廊，还有挂着珠帘的小包厢，当时叫"酒阁子"。

在唐朝，普通人要想看一场戏，只能在一些特别的日子里到某些寺院去看。一些达官贵人想看戏得花重金在家里搭建戏台。而到了宋朝，上自皇帝宰相，下到平民百姓，都有浓厚的娱乐精神，城市中不仅有繁华的大酒楼，还出现了专门的演艺场所 —— 勾栏瓦舍。

瓦舍是娱乐表演的场所，瓦舍当中有勾栏戏台。所谓勾栏戏台，就是表演的台子四周用栏杆围住。

宋朝酒楼想象图

69

瓦舍门口也会像酒楼一样扎彩楼，院子里除戏台外，四周有观众座席，有的观众座席会有两层楼高。院子里还会有驻场的商铺，卖一些看戏时能吃的果品蜜饯。

勾栏台上的音乐会

看下方这座瓦舍和其中的勾栏，是不是有点儿现代剧场的感觉了？那时候，人们在瓦舍里不仅能看戏、听音乐，还可以听脱口秀（说书），甚至还能看相扑表演呢。这样的院子布局，音乐和人声传到四周的院墙和人群中，再反弹回来，能形成混响效果，你说宋朝人会不会享受？

不管是酒楼还是勾栏瓦舍，都有各种消费等级，丰俭由人，不仅有钱人和官员可以消费，平民百姓也可以享受一番。

规模较小的瓦舍布局

宋人住所也风雅

宋朝的建筑风格秀丽多变，大量使用砖瓦，规模比唐时的建筑要小，但是细节装饰几乎做到了极致。

在宋朝官方发布的建筑规范图书《营造法式》中，对石作、大木作、小木作、雕作、彩画作等建筑技术都做了规定，还画有大量参考图样。来看看房屋的梁柱可以精美到什么程度。

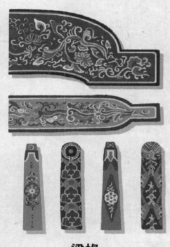

梁椽

藏在建筑里的成语

【雕梁画栋】

梁是指支撑屋顶的横木，栋是指房屋正中的大梁。梁和栋都有雕花和彩绘，形容建筑物富丽堂皇。

宋人讲究风雅，有条件的人喜欢选择依山傍水的地段，利用自然环境为自己的住宅造景。有一幅南宋流传下来的《四景山水图》，画了一座宅子在四季变换中的不同景象，主人把春夏秋冬的自然美景都纳入了宅院之中，真是有趣又聪明。从画中可以看出，这座房子很多地方没有砖墙，而是用裱糊了纸的格子门窗代替。这些格子门窗可以拉开或者取下，让屋子变得通透。这就是南宋时流行的设计。日本古建中也常见这种设计，就是宋朝时期从中国传过去的。

斗拱

《营造法式》里的建筑彩画图样

《四景山水图》中的宋人房屋

时光中的建筑瑰宝

滕王阁

　　滕王阁是江南三大名楼之一，位于今天的江西南昌，毗（pí）邻风景秀美的赣（gàn）江，因唐代滕王李元婴建此阁而得名。

　　唐代诗人王勃作《滕王阁序》，描绘这里的景色是"落霞与孤鹜（wù）齐飞，秋水共长天一色"。宋代重修滕王阁，建筑更加精美，被誉为"历代滕王阁之冠"。

宋滕王阁主阁复原图

　　宋代重修的滕王阁屋顶为什么是绿色的 **?**

　　这是因为铺设了绿色的琉璃瓦。宋代琉璃瓦工艺渐趋成熟，可以大量生产，这一时期的琉璃瓦主要是绿色的，所以宋代的皇宫，还有滕王阁这样的重要建筑，都以绿顶居多。

应县木塔与开元寺塔

应县木塔位于今天的山西应县佛宫寺内，本名叫佛宫寺释迦塔，建于辽代，是我国现存唯一的最完整的古代木塔，与意大利比萨斜塔、法国巴黎埃菲尔铁塔并称"世界三大奇塔"。

应县木塔

佛宫寺释迦塔用约 2600 吨木料建造而成，却没有用一颗铁钉，全部用的榫卯结构，因为设计非常科学合理，所以历经多次地震却千年不倒。

从宋朝开始，木塔越来越少，而砖石塔越来越多。位于今天河北省定州市的开元寺塔，就是宋代砖石塔的代表。

开元寺塔有 11 级，高约 84 米，可以当作观察敌情的瞭望台，所以也叫料敌塔。开元寺塔塔身呈八角形，从下至上按比例逐层收缩，造型端庄威武。外塔中还有内塔，形成塔内藏塔的奇特结构。

开元寺塔

宋和辽两个政权，当时相互争斗、势如水火，可是为什么他们修建的佛塔建筑还是很相似呢？

的确，从历史的长河中放眼看去，大家都同属于中华文化的传承之中！

历史放大镜 清明上河图（局部）

　　《清明上河图》是宋代画家张择端所绘制的北宋京城汴梁的热闹景象，其中有很多当时的民间建筑——搭建了彩楼欢门的酒楼、客栈、商铺、民居……无不反映了当时的时代特色。绘者想要临摹《清明上河图》局部的建筑风貌，却画错了一些细节，你能通过自己学到的古建筑知识，把这些错误找出来吗？

（答案见本书第 112 ～ 113 页）

这些房子好熟悉

这盖四合院的人想得真周到，还在门口放了石凳子，给路过的人歇脚。

不是吧，这不是石凳子，是门口的吉祥物！

元朝以后的房子，很多都是砖石结构的，因此得以更多地留存到了今天。不仅如此，我们今天全国各地的古代民居，在很大程度上保留了元明清时代的样式。我们今天特别熟悉的房子里，藏着哪些我们不知道的历史故事呢？

你们说得都不对！在我们的年代，这两块石头的用处可太大了，而且啊，还跟你们都知道的一个成语有关系呢！

快进来，一起了解一下吧！

到北京城看四合院

元朝的都城叫大都，位于今天的北京。元大都历时约 20 年修建完成，其街道布局奠定了明清乃至今天北京的基本格局。

明朝建立后最初定都南京，后来迁到北京。明朝北京城南部为外城，北部为内城，内城中有皇城，整座城市有一条南北中轴线，皇宫就位于中轴线上，日坛、月坛、天坛、地坛对称分布于东西南北的外城或城外。后来，清朝北京城的格局基本保持不变。

北京城中最有代表性的传统民居当数四合院了。四合院是中轴对称的结构，样式规范，小的只有一进，大的有二进、三进，甚至更多，有的大宅院还有横向的跨院和后花园。

一座三进四合院，前院（一进院）主要给男性用人和客人居住，内院（二进院）是主人起居生活的场所，后院（三进院）一般会给女

后罩房（北房）
耳房
正房
三进院
西厢房
耳房
二进院
东厢房
一进院
二门
影壁
倒座房（南房）
大门

原来如此

大门不出，二门不迈

旧社会对于女孩子的要求很多，一个民间最常说的规矩就是"大门不出，二门不迈"，意思是女孩子要安守在家中，不能随便出门活动。大门很好理解，二门是什么门呢？这里的二门，其实就是"垂花门"，这是四合院中一道很讲究的门，因为檐柱垂吊着垂珠，上面有花瓣彩绘，所以叫垂花门。二门是内院和外院的唯一通道，不出二门的意思是女孩子很少走到外院，连家里来的客人都不能随意地见，可见古时候的女孩子生活多么闭塞。

眷（juàn）或未出嫁的女子居住，也常供女性用人居住，还有的会被用作库房。

　　灰色是北京四合院的基础色。灰墙、灰瓦、灰色的地砖，有一种质朴的美感，同时也适应北方干燥多灰的自然环境，比较耐脏。灰色之外，四合院内部用多彩的垂花门、门窗、柱子、植被来点缀，呈现丰富的颜色效果。

垂花门

藏在建筑里的成语

【祸起萧墙】

　　一座规矩的四合院，一定会有影壁。影壁在中国的古建筑中由来已久，最初叫"萧墙"，指古代宫室作为屏障的矮墙。后来发展到民居中，叫"照壁"或"影壁"，起到遮挡院内风景的作用，不让外人瞥一眼就一览无余。在风水上，古人认为"直来直去损人丁"，一定要有所曲折，才对房子的主人有利。这道墙有的位于大门内侧，有的位于大门外侧。"祸起萧墙"的意思就是在内部产生的灾祸。

九龙壁

　　故宫里的九龙壁就是一座影壁，这可以算是影壁装饰的最高规格了。

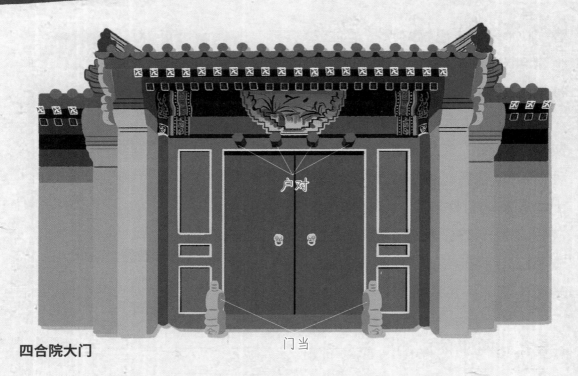

户对

门当

四合院大门

　　仔细看四合院的大门，门两旁立着一对石鼓，这叫"门当"，俗称"门墩儿"。门当露在门外的部分有装饰作用，在门内的部分承托着大门下轴和门的重量。在古代，有 2 个门当的是大户人家，有 4 个的就是七品至五品的官员啦。门当上带小石狮子的，一般是武官人家。

　　看完门当，抬头往上看。户对是门楣（méi）上或门楣两侧的柱形木雕或砖雕，本名叫"门簪"（就像给门戴的簪子），一般会雕刻瑞兽珍禽、四季花卉等图案。户对是用来固定门框上供门转动用的连楹（yíng）的。户对都是成对出现的，所以才叫"户对"。不同品级的官员，户对的数量不一样；文官家和武官家，户对的形状也不同。

原来如此

门当户对

　　门当户对是什么意思？你一定知道，指男女双方家庭的社会地位和经济状况相当，非常适合结亲。看起来如此通俗的一个词，却藏着我们并不知道的内涵。原来"门当"和"户对"都是古建筑中的构件，都体现了一个家庭的社会地位和经济状况。在古代，这两样东西的数量和规格相似，说明家庭条件相匹配。

大宅门前的一对石鼓　　　　　　雕着吉祥图案的户对

在古代，站在门口看一眼，就知道这座宅子里住的是什么级别的人。

古人等级森严，等级标志无处不在。我还是喜欢现在，大家都是平等的。

门当和户对在我国古建筑史上具有悠久的历史，但是"门当户对"这个词却是在元朝才出现的。这从侧面说明，生活在元朝的人们对住宅建筑中的这两样东西已经非常熟悉了。

到江南去看园林

明朝江南地区经济繁荣、文化昌盛，达官贵人、富商大贾喜欢搜罗奇花异石，用来修建私家园林供自己和家人居住、观赏、游玩。于是，江南园林如雨后春笋般涌现。

我们常常说"亭台楼阁",这几样东西有什么区别呢?

还有什么舫、轩,这些又是什么意思呢?

拙政园位于江苏苏州,是中国四大名园之一,江南古典园林的代表,始建于明代。拙政园占地只有 5.2 万平方米,和皇家园林的面积完全不能相比,但景致毫不逊色。全园以水为中心,分为东、中、西 3 个部分,各具特色。园内山水萦绕、花木繁茂、庭院错落、建筑精美、自然和谐,徜徉其间,能感受到移步换景的乐趣。

轩: 有窗的小房屋,是聚会的地方。

阁: 和楼类似,也是多层的建筑,一般建在高处,四周开窗。

舫: 建在水边的建筑。

亭: 有屋顶但没有墙壁的单间建筑,可供休息。

楼: 两层或者更多层的建筑,园林里的楼一般比较小巧精致。

廊: 有屋顶的过道。

拙政园局部

其他著名的明朝江南私家园林，还有江苏南京的瞻园、江苏无锡的寄畅园、上海的豫园、江苏苏州的留园等。

除了园林，在江南最值得看的就是徽派民居建筑了。徽派民居建筑往往依山傍水而建，白墙黛瓦，清新雅致，远远望去宛如一幅水墨画，高高的马头墙内大多是多进院落布局。今天安徽黟县的宏村，有保存完好的明清民居 140 余栋，都是典型的徽派民居建筑。

为什么徽派民居建筑要采用白墙黑瓦呢？第一种说法是黑瓦和刷墙的白石灰是当地常见的建材，价格便宜，便于大规模使用；第二种说法是白墙在当地的炎热夏季里可以反射阳光，有助于保持屋内凉爽；第三种说法是当地人多经商，讲究清清白白、黑白分明，所以把房子建成黑白二色。

马头墙指高于屋顶的墙体，因形态像高昂的马头而得名，有防火、防风的作用。

牌坊

在明清两朝留下的建筑中，还常常可以看到牌坊。牌坊又叫牌楼，在古代用来表彰有突出功劳或事迹的人，也可以作为陵墓、庙观等的山门。今天，安徽黟县的宏村、安徽歙县的棠樾村等地，都可以看到成群的明清村落建筑，其中就有保存完好的明清牌坊。

时光中的建筑瑰宝

妙应寺白塔

　　元大都内的妙应寺白塔，位于今天的北京市内，已有 700 余年历史，是一座藏传佛教风格的白塔，也是我国现存年代最早、规模最大的喇嘛塔。

　　妙应寺白塔由元世祖忽必烈亲自勘察选址，由一位来自尼泊尔的建筑师阿尼哥负责设计建造。它通体洁白，如同一个巨大的玉葫芦矗立在都城内，因此有"金城玉塔"的美誉。

妙应寺（俗称白塔寺）白塔

北京还有一座藏传佛教风格的白塔，在北海公园琼华岛上，建于清朝。

大报恩寺琉璃宝塔

　　大报恩寺琉璃宝塔，位于江苏南京的大报恩寺内，是明朝初年至清朝前期南京最具特色的地标性建筑物，被称为"天下第一塔""中世纪世界七大奇迹之一"。可惜大报恩寺宝塔已在太平天国运动中毁于战火，我们只能从古人留下的图画和文字里追忆其风采。

　　大报恩寺琉璃宝塔建在三重台座上，高 80 米，在损毁前一直是江南最高的建筑。这座塔全身除了顶部中心是木构，内外都用琉璃构件模仿木制榫卯勾连。塔的外壁呈白色，铺设青绿色琉璃瓦，外墙用各种颜色的浮雕琉璃砖镶嵌，组成五彩缤纷的图案，所以叫琉璃宝塔。塔檐挂有 152 个风铃，风吹铃动，声闻数里，还有长明灯 146 盏，昼夜通明。

大报恩寺琉璃宝塔美丽壮观的形象曾被来过中国的外国人传回欧洲。安徒生童话里提到的中国"瓷塔"，就是指这座著名的宝塔。

大报恩寺琉璃宝塔复原图

无梁殿皇史宬

在北京，有一座保管明清时期皇家资料的档案库 —— 皇史宬（chéng），至今已经有将近 500 年历史了。这么重要的保管档案的建筑，要是着了火可怎么办？别担心，这座建筑没有用一根木料，是纯砖石结构，这种建筑叫无梁殿。

皇史宬正殿墙壁最厚处达 6 米，室内就像山洞一样冬暖夏凉。对开的窗户，让屋内保持通风，有利于调节温度、湿度。殿内有高出地面的石台，重要的皇家档案都存放在石台上的铜皮镏金木柜 [被称为"金匮（guì）"] 内，防潮防虫。正殿的窗户、斗拱等也都是砖石的仿木构件。这座正殿设计精巧、格局别致、坚固耐久、风格独特，是我国古代砖石建筑的代表作，被称为"石室金匮"。

皇史宬正殿

一般建筑的斗拱是木头的，皇史宬的斗拱却是砖石材质的。

融合再发展

从民国一直到现在，我们所居住的房子，以及其他的各种建筑，始终处于旧与新、传统与现代、东方与西方的并存、融合、交流之中，并且不断发展出新的样式、新的理念和新的技术。

来看看最近 100 多年的时光，我们身边的房子是如何改变的吧！

怎么回事？这里都是外国建筑啊！

外国建筑应该是建在外国的建筑，这些建筑建在中国，就是中国建筑吧！

注意：未满 12 周岁的儿童不得骑自行车上路。

今天，在我们的周围，既有层出不穷的新式建筑，也能够看到一些历经时间考验留存至今的古建筑，还有一些承载着特殊文化意义的有外国特色的建筑。这些建筑并存于同一时空，时时提醒着我们，今天的生活从古时候传承而来，此时此地的一切都与历史、世界相连通。不管是什么样的建筑，都承载了人们的智慧、文化，以及对美好生活的向往。

这些建筑融合了外国的建筑风格，又结合了中国特色，而且建在中国的土地上，我觉得应该是中国建筑！

曾经的"十里洋场"

民国时期的上海，是中国近代建筑数量最多、类型最全的城市，办公建筑、商业建筑、居民楼、教堂的佼佼者都达到了当时的国际水平。这些建筑大多数集中在当时的各国租界内。尤其是繁华的外滩，矗立着52幢风格迥异的近代大楼，素有"万国建筑博览群"之称。

这些上海的近代建筑，包含世界各地的文化元素，传统与新潮相碰撞，西式与中式相交融，呈现了包容与创新的特点，被称为"海派建筑"。

上海外滩的建筑群

1933年建成的百乐门舞厅，外观采用了近代美国前卫的装饰艺术风格，紧跟20世纪30年代的世界建筑设计的潮流，是当时上海最璀璨夺目的夜景地标，代表着新潮与时髦。

百乐门舞厅

"百乐门"3个字是英文"Paramount Hall"的谐音，"Paramount"有元首、至尊之人的含义。

中西方融合的总统府与中山陵

南京总统府已经有 600 多年的历史了，明清时期曾是王府、侯府和总督署。1912 年，孙中山先生在这里就任中华民国临时大总统。民国期间，在保留中国古代传统的江南园林的基础上，这里又陆续修建了一些有西方特色的建筑——建筑外观以巴洛克风格为主，逐渐发展成规模最大、保存最完整的中国近代建筑群，也是民国建筑的代表作。

南京总统府门楼是其中的标志性建筑，为钢筋混凝土结构的西方古典门廊式建筑。门楼南立面有 8 根爱奥尼亚式立柱，并镶有巴洛克线条，还有 3 樘拱形连顶镂空铁门，门前一对石狮是清代旧物。门楼的 3 座门有"外圆内方"的特点：从南立面看是拱形门，从北立面看是方形门。1949 年 4 月 23 日，中国人民解放军将红旗插上这座门楼，象征着解放战争取得决定性胜利。

 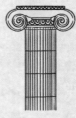 

多立克柱式　　爱奥尼亚柱式　　科林斯柱式

爱奥尼亚式立柱源自古希腊，是希腊古典建筑的三种柱式之一，特点是纤细秀美，柱身有 24 条凹槽，柱头有一对向下的涡卷装饰。

巴洛克是 1600 年至 1750 年在欧洲盛行的一种艺术风格，崇尚豪华和气派。

中山陵是我国伟大的民主革命先行者孙中山先生的陵寝及其附属纪念建筑群，主体建筑建成于1929年，融汇了中国古代建筑与西方建筑风格，是中国近代建筑史上的杰作，被列为全国第一批重点文物保护单位，并入选"首批中国20世纪建筑遗产"名录。

中山陵主体建筑祭堂位于山顶最高峰的大平台上，融中西风格于一体，外部全用花岗岩砌成，覆以蓝色琉璃瓦，檐下各筑石斗拱飞檐二层。祭堂南面有3座拱形门，各门设紫铜门两扇。祭堂内中央矗立着白色大理石的孙中山雕像，是世界知名雕刻家保罗·朗特斯基创作的。圆形墓室内安葬着孙中山的遗体。

中山陵祭堂

哈尔滨圣·索菲亚教堂

近代，在我国北方，很多城市的建筑风格受到了俄罗斯的影响。在今天的黑龙江哈尔滨，有一座始建于1907年，又在1932年重修

哇！这不就是童话中的奇幻城堡吗？

这就是拜占庭式教堂，以砖砌穹顶式风格为主，曾经流行于东罗马帝国都城君士坦丁堡。这样的教堂在俄罗斯很常见。

完毕的圣·索菲亚教堂，这座哈尔滨的标志性建筑，是典型的拜占庭式教堂。

圣·索菲亚教堂的设计者是一名俄国建筑设计师。整座教堂的平面设计为东西向拉丁十字，墙体全部采用清水红砖，教堂顶是巨大饱满的洋葱头穹顶。教堂还有 4 个附属的大小不同的"帐篷顶"，形成错落有致的布局。正门顶部为钟楼，7 座铜钟一起敲响，悠扬的声音能传播到很远的地方。

典型的拜占庭式教堂

圣·索菲亚教堂

漫步在传统与现代之间

中华人民共和国成立后，城市建设的脚步越来越快了，现代建筑日益呈现出鲜明的特色。同时，一些原有的建筑也被保留下来。比如前面提到的皇史宬，如今仍然作为中国第一历史档案馆明清档案陈列室使用；再比如1929年建成的上海沙逊大厦，现在是和平饭店，也是上海滩著名的地标性建筑之一。

上海和平饭店

古代建筑风格与现代建筑风格并不是不能兼容的，两者一旦找到契合点，就可以形成令人惊叹的设计效果。20世纪50年代建成的北京火车站，把传统的琉璃瓦屋顶与现代的大玻璃窗结合在一起，就是将传统建筑美学融入新式功能型建筑的完美典范之一。

北京火车站

苏州博物馆新馆

建筑大师贝聿铭设计的苏州博物馆新馆，将传统苏州建筑的粉墙黛瓦风格与现代几何屋顶结合到了一起，既有民族性，又有国际性，在旧和新、东方和西方之间找到了微妙的平衡。这样的建筑，已经不能仅用"房子"来称呼，而是一件具有时代特色的艺术品了。

现代建筑新在哪里

今天，现代建筑已经成为主流。那么现代建筑跟古代建筑相比，究竟新在哪里呢？

向上向下的空间拓展

古代建筑往往占地面积较大，但单个建筑不是很高，也较少利用地下空间。古代建筑中虽然也有高层建筑和地下建筑，但数量很少。而今天的众多现代建筑，则是越"长"越高，越"扎"越深。比如上海中心大厦，主楼高达 632 米，其中地上 127 层，

高耸入云的上海中心大厦

地下还有 5 层。现
代建筑有更大的内
部空间，更适应现
代社会的需求。

现代建筑的地下空间（建设中）

云南大理崇圣寺三塔

北京定陵地宫

新功能，新设计

我们跟古代人相比，生活有了很多新的内容，因此，我们所需要
的建筑种类和功能也更加丰富，比如现代的超大型体育场、博物馆、
购物中心、高层大酒店等，
这些都是古人想不到也用
不上的建筑。在实用性之
外，人们还希望现代建筑
的外部造型更加多样、更
具个性。现代建筑在新材
料、新结构、新设计的基
础上发展出了全新的建筑
美学。

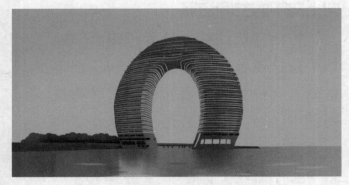

湖州喜来登温泉度假酒店，又被称为"月亮
酒店"，其设计灵感源于江南特色拱桥。

北京鸟巢（国家体育场），是一座可以容纳 9.1 万观众的大型体育建筑，也是 2008 年北京奥运会的主会场。

更专业，更科学

古代建筑往往是同一个团队既负责设计，又负责具体施工，比如著名的"样式雷"家族就同时负责清代皇家建筑的设计和营造。而现代建筑涉及水暖电等，功能更加复杂。其设计要兼顾功能适用、环保节能、时尚美观，需要设计师具备高深的专业知识。于是建筑设计成为一门独立的专业学科，设计和施工彻底分家。

1671 年，法国成立了世界上第一个建筑学院 —— 法兰西建筑学院。我国高等教育的第一个建筑学系诞生于 1928 年的东北大学，校方聘请梁思成与林徽因任教。梁思成出生于 1901 年，曾在美国宾夕法尼亚大学获得建筑学士学位，是集建筑史学、建筑教育、建筑设计、建筑文物保护和城市规划学问于一身的一代宗师，对我国建筑学的发展作出了重大贡献。他设计的代表建筑有吉林省立大学（现东北电力大学）礼堂和图书馆等，他还主持了人民英雄纪念碑等重要建筑的设计。

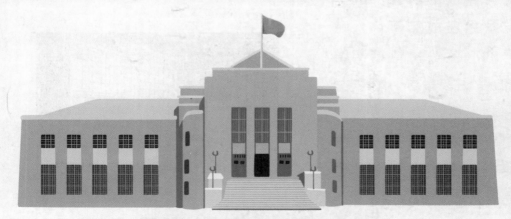

东北电力大学（原吉林省立大学）的石头楼

我国古代建筑的材料有竹、木、砖、瓦等，建筑的高度、跨度都受到材料的制约。随着钢铁、水泥、玻璃等新式材料的产生和应用，高层建筑、大跨度建筑越来越普遍。

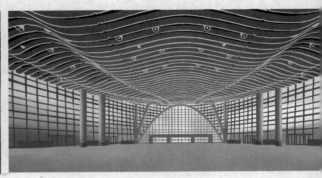

故宫太和殿内部，作为室内空间虽然宽敞，但必须使用大量柱子作为支撑。

深圳国际会展中心，宽敞的室内能见到的柱子很少，这是现代大跨度建筑的优势。

我国古代窗户一般糊上一层纸。纸价格实惠，在遮风的同时还能略微透光，但是纸容易破损。此外，还有用丝绸、明瓦（云母、蚌壳打磨成的薄片，或羊角熬煮后压成的薄片）贴窗户的，这些材料结实得多，但是比较昂贵。清朝时，西方制造的大片玻璃传入国内，被做成明亮洁净的玻璃窗。最早安装玻璃窗的是故宫养心殿。

明瓦窗

玻璃窗

养心殿的明瓦窗、玻璃窗

这是现代流行的极简风格!

这些楼看起来大同小异啊!

到了今天，追求简约风格的高楼大厦，有时会采用通体落地窗，十分符合现代人的审美。

塔式起重机、挖掘机、推土机、混凝土搅拌机……建筑工地上的工程机械让人眼花缭乱。正是得益于这些现代工程机械，还有专业的建筑工程师、高素质的建筑施工队、科学的施工方法，一座座现代建筑才能拔地而起。

到这里，我们就看完了中国建筑从古至今的演变。以后当我们走进一座古代建筑的时候，你会更

现代机械就是好用!

建筑效率真高!

加深刻地体会到，原来历史不只是一个个历史人物和一桩桩历史事件，历史也藏在古代建筑的屋顶、梁柱、门窗和基础等细节里。再环顾身边各式各样的现代建筑，你会发现我们的居住理念、对美好生活的理解和向往，无不带着千百年以来人们相互传承、逐渐发展的痕迹。一位外国作家曾经说过："建筑是用石头写成的史书。"虽然我们中国的古代建筑以木结构为主，但这道理却是相同的。古建筑是历史上的人们用木材、石料和各种其他材料为我们书写的史书，而今天的建筑也是我们为未来的人们留下的时代记录。

几千年的富丽堂皇

在奴隶社会和封建社会，最好的、最精华的东西都要先由统治阶级——王或皇帝的家族来享用，建筑也是如此。因此要想全面了解古建筑的演变，有一类建筑是不得不关注的，那就是宫殿和皇家园林。这一章从 3700 年前的宫殿开始讲起，介绍了我国古代宫殿的历史演变，以及皇家园林的一些特点。

如果能穿越去古代，你愿意住在皇宫里吗？

住在皇宫里，当皇帝还是当奴婢（bì）啊？算了，宫殿是皇帝住的地方，我一介布衣，还是留在家里吧。

最早的宫殿

城市刚刚出现时，奴隶主们就为自己建宫殿了。河南洛阳偃师二里头文化遗址中的夏朝宫殿遗址，距今大约 3700 年。整座宫殿规模较大，是比较规整的廊院式建筑群，里面有一座主殿，还有宽敞的庭院，以及回廊、大门等建筑。回廊把庭院围起来，并连通不同的房屋。夏朝宫殿的规划对后来的建筑设计有很大影响。

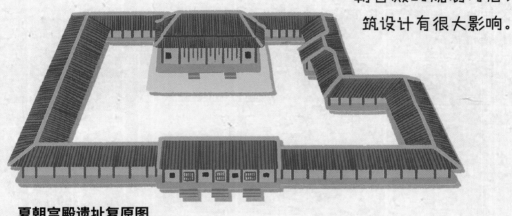

夏朝宫殿遗址复原图

从未央宫到大明宫

秦始皇统一六国后，要为自己建造一座空前巨大的宫殿——阿房宫。可惜，宫殿还没有建完，秦朝的统治就被汉朝取代了。

汉朝的统治者们修建了很多宫殿。汉高祖修建了长乐宫和未央宫，汉武帝修建了桂宫、明光宫、建章宫，增修了北宫，并扩建了皇家园林上林苑，开凿了昆明池。

主持建造未央宫的是丞相萧何，他认为"非壮丽无以重威"，意思是皇宫必须雄壮美丽才能体现天子和王朝的威严。因此未央宫规模宏大、气势雄浑，总面积有六七个北京故宫大，是中国古代规模最大的宫殿建筑群之一，整体颜色以红色和黑色为主，兼具庄严与华美。未央宫建成后，在200余年里一直是西汉王朝的皇权象征。

未央宫内有大量恢宏的殿宇，比如主体建筑——前殿、皇后住所——椒房殿、皇家图书馆——天禄阁、皇家档案馆——石渠阁等。此外还有不少漂亮的庭院，里面分布着宫阙楼台、山池草木，真是美轮美奂。

未央宫前殿复原图

原来如此

宫阙

古诗词中有"不知天上宫阙，今夕是何年"的句子。我们现在也常常听说"宫阙"这个词。宫是宫殿，阙是什么呢？

阙是古代宫殿、祠庙或陵墓前的高楼，通常左右各一座。宫殿前的阙叫宫阙，这在汉代建筑中最为多见，自汉代以后宫阙逐渐与皇宫大门合二为一。

东汉画像砖上的凤阙

　　唐朝最重要的宫殿是大明宫，位于唐代长安城东北的高地上。大明宫先后住过 17 位皇帝。

　　大明宫的面积相当于北京故宫的 4.5 倍。其正殿是含元殿，东西长 77 米，南北宽 43 米，造型雄伟壮丽。建筑师在修建含元殿时，根据风水理论，将地址选在地势很高的山上，又建了 10 多米高的台基，人们要攀爬 70 多米长的坡道才能登上大殿。站在含元殿上，整座长安城的景色尽收眼底，美不胜收。

大明宫含元殿复原图

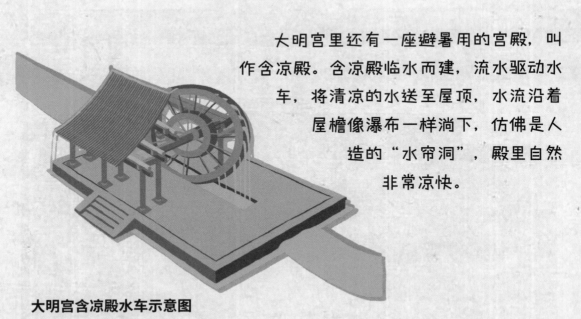

大明宫含凉殿水车示意图

　　大明宫里还有一座避暑用的宫殿，叫作含凉殿。含凉殿临水而建，流水驱动水车，将清凉的水送至屋顶，水流沿着屋檐像瀑布一样淌下，仿佛是人造的"水帘洞"，殿里自然非常凉快。

明清时期的宫殿

明朝一开始定都在现在的南京，在南京修建了南京故宫。南京故宫面积 1.16 平方千米，是明代宫殿建筑的集大成者。可惜现在南京故宫只剩遗址了。

南京故宫的南北中轴线与南京城的中轴线是重合的，体现了遵循礼制、顺应自然的建筑理念，这套理念后来也被北京故宫继承。古代韩国首尔景福宫、越南顺化皇城、琉球首里城等宫殿也是仿照南京故宫的布局修建的。

明朝迁都北京后，以南京故宫为蓝本修建了北京故宫，又名紫禁城。北京故宫先后住了明清两朝 24 位皇帝，是世界

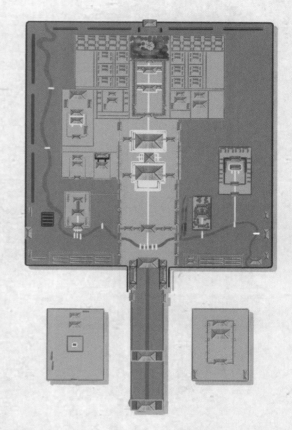

南京故宫复原图

上现存规模最大、保存最为完整的木结构古建筑之一，距今已有 600 余年历史。明朝末年，北京故宫大部分在战乱中被焚毁，清朝迁都北京后进行了重修。

北京故宫是明清两代皇权的至高象征。北京故宫最鲜明的色彩是红、黄两种颜色，其中宫墙是朱砂红色，琉璃瓦以黄色居多，被称为朱墙黄瓦。在五行理论中，土居中央，正如皇家居于王朝的中央，土生万物、土控四行，土为黄色，所以黄色就成了代表皇家的颜色；而火能生土，火为红色，所以红色也就成了皇家常用的颜色。

北京故宫屋顶的琉璃瓦因用途不同而颜色不同。

太和殿

太和殿俗称"金銮殿"，是故宫等级最高的建筑，用象征土的黄色琉璃瓦。

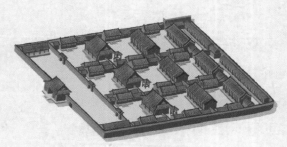

南三所

皇子居住区南三所用象征木的绿色琉璃瓦，木在五行中位于东方，象征着生长和未来，寓意皇子们健康成长。

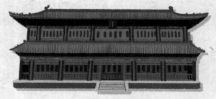

文渊阁

藏书楼文渊阁怕着火，水可以克火，所以用象征水的黑琉璃瓦。

有的屋顶上屋脊、檐边和琉璃瓦颜色不一样，形成剪边效果，丰富了屋顶色彩。

御景亭

屋面覆翠绿琉璃瓦，黄色琉璃瓦剪边。

雨花阁

顶层屋面满覆镏金铜瓦，二层屋面覆黄琉璃瓦，蓝色琉璃瓦剪边。

畅音阁

顶层屋面覆绿琉璃瓦，黄色琉璃瓦剪边。

藏在建筑里的成语

【九五至尊】

这个词指帝王至高无上的尊贵地位。在中国的历史文化中，"九"和"五"都是极为重要、尊贵的数字。有一种说法是：在个位数中，九是最大的数，而五是居中的数，这两个数就代表帝王最高、最大和居于正中的地位，所以叫九五至尊。这样的数字密码，是如何隐藏在皇宫建筑中的呢？在北京故宫中，乾清宫（皇帝的卧室及其处理日常政务的地方）面阔9间，进深5间，前三殿（太和殿、中和殿、保和殿，是皇帝举行大典、召见群臣、行使权力的主要场所）台基的长宽比为9:5，故宫大门上的门钉多是9行9列共81颗，天安门城楼（皇城正门）有5个门洞，这些都是九五至尊的体现。

北京故宫屋顶的垂脊上都有脊兽，数量多为1、3、5、7、9只。脊兽的数量越多，表明这座建筑的地位越高，地位最高的太和殿有10只脊兽。

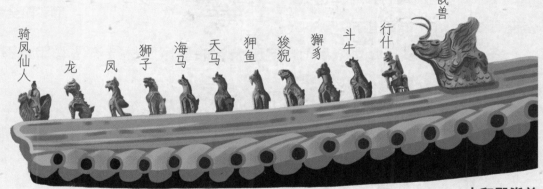

太和殿脊兽

在清朝，皇帝们还下令修建了大量的皇家园林，其中最有代表性的是圆明园和颐和园。

圆明园实际上是由圆明园、长春园、绮春园（后改名为万春园）组成，所以也叫圆明三园。圆明园建成后，清朝皇帝每年盛夏都来这里避暑，因此也称其为"夏宫"。

乾隆皇帝在位时，圆明园达到鼎盛时期，有著名的"圆明园四十景"，主要建筑多达600座，其以宏大的宫苑规模、杰出的营造技艺、精美的建筑景群、丰富的文化收藏和博大精深的园林文化内涵而享誉于世，被誉为"万园之园""理想与艺术的典范"。

和其他传统皇家园林不同，乾隆皇帝还请西方传教士在圆明园中

颐和园全景

设计并修建了带有欧式风格的园林建筑，俗称"西洋楼"，由十余座西式建筑和庭院组成。

令人痛惜的是，160多年前，这座恢宏的皇家园林被英法联军烧毁，如今只剩下断壁残垣。

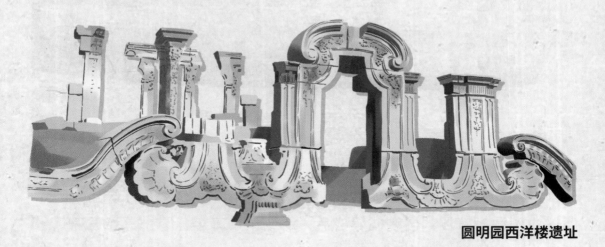

圆明园西洋楼遗址

藏在建筑里的成语

【断壁残垣】

残缺不全的墙壁，形容房屋遭受破坏后的凄凉景象。

今天，我们到圆明园西洋楼遗址参观时，仅能看见一片断壁残垣，从依旧精美的石雕中，我们不难想象出被烧毁前的圆明园是多么美轮美奂。

幸运的是，另一座皇家园林颐和园保存完好。我们有幸能够徜徉其间。

颐和园以杭州西湖为蓝本，汲取江南园林的设计手法建成，主要分为万寿山和昆明湖两部分，湖面占四分之三的面积，地面上有亭、台、楼、阁、廊、榭等各式建筑，共计 3000 多间。

佛香阁是颐和园内的主体建筑，建在万寿山前山高 20 米的方形台基上，南临昆明湖。佛香阁高 41 米，外观八面三层四重檐，附属建筑群严整对称地向两翼展开，形成众星拱月之势，气派宏伟。

颐和园内的佛香阁

德和园大戏楼

德和园大戏楼是我国现存最大的古戏楼，高 21 米，分上中下 3 层。内部有巧妙的机关，可以帮助演员表演上天下地的戏法，还能设置水景。

不管是宫殿还是园林，皇家的建筑总是这么富丽堂皇。

不管以前怎么样，它们现在都变成大家能参观游览的公园啦！

107

　　清朝皇帝还在承德建立了一座行宫，叫"避暑山庄"。每年夏天，皇帝带领随行人员到这里居住，接见蒙古八旗和藏族宗教首领，在附近的木兰围场狩猎和训练。

　　避暑山庄分宫殿区、苑景区（分为湖泊区、平原区、山峦区）两大部分。宫殿区位于山庄南部，地形平坦，是皇帝处理朝政、举行庆典和生活起居的地方。湖泊区在宫殿区的北面，建筑大多是仿照江南的名胜建造的。平原区在湖泊区北面的山脚下，地势开阔，是一片片草原和树林。山峦区在山庄的西北部，占了全山庄百分之八十的面积，众多园林、庙宇点缀其间，错落有致。

避暑山庄及周围寺庙景区全景

　　在避暑山庄东面和北面的山麓（lù），还分布着宏伟壮观的外八庙寺庙群。外八庙以汉族宫殿建筑风格为基础，吸收了满族、藏族、蒙古族等民族的建筑艺术特征，形成了独特的寺庙建筑风格。

外八庙中的普陀宗乘之庙被称为"小布达拉宫"。而真正的布达拉宫位于西藏拉萨的玛布日山上，是集宫殿、城堡和寺院于一体的具有藏式风格的宫堡式建筑群，已经被列入世界文化遗产名录。

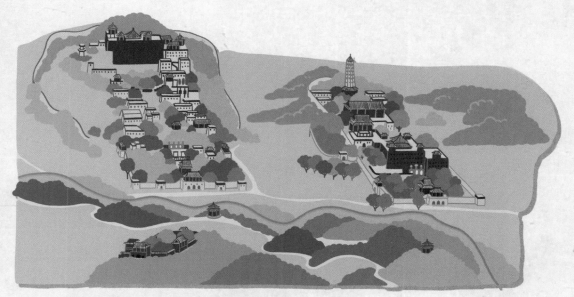

外八庙中的普陀宗乘之庙、须弥福寿之庙

布达拉宫最初建于 1300 多年前，清代进行了重建和扩建，如今占地总面积 36 万平方米，建筑总面积 13 万平方米，主楼高 117 米。

布达拉宫建于山上，自山脚直至山顶，整体为石木结构，以红、黄、白、黑四色为基调，仿佛与山岗融为一体。布达拉宫群楼重叠、殿宇巍峨、气势雄伟，宫殿屋顶具有汉式建筑风格，装饰则有浓重的藏传佛教色彩，是体现了民族融合的伟大建筑群。

布达拉宫

北京故宫是世界上现存规模最大、保存最为完整的木结构古建筑群之一。清代留下的《万国来朝图》将万国来朝使团朝贡的热闹场面生动描绘出来，展示出故宫建筑群的宏伟壮观。在这幅《万国来朝图》的局部临摹图中，画家由于粗心，错误地将其他地方的建筑画了进来，你能找到吗？（答案见本书第112～113页）

古人盖房子

清明上河图（局部）

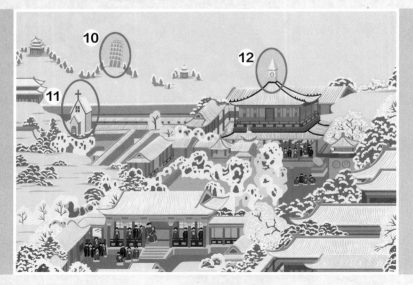

万国来朝图（局部）

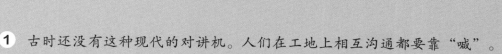

1 古时还没有这种现代的对讲机。人们在工地上相互沟通都要靠"喊"。

2 玻璃直到清朝才开始使用在我国的建筑之中。从工地上人们的穿着来看，那时还没有玻璃窗呢。

3 这种测量仪器，是近现代才有的工具。

4 古人在工地上不戴安全帽。还好那时候没有钢筋混凝土，建筑也没有那么高，所以古人对安全帽的需求不大。

5 古人很早就发明了锯子，不过这种电动锯子是现代的产物，不应该出现在这个工地上。

6 街边的店铺房屋装饰了 5 个脊兽，与原图不符。

7 这样的屋顶叫作重檐庑殿顶，常用于宫殿、坛庙一类的皇家建筑，比如故宫里的太和殿就是这样的屋顶，街边的酒楼使用这样的屋顶是不行的。

8 从屋面铺的正方形材料和小阁楼来看，这样的屋顶不可能出现在中国古代建筑中。

9 从砖石的款式和烟囱口的混凝土来看，这应该是近现代的烟囱，不应该出现在这个时代。

10 这座像比萨斜塔一样的建筑，是典型的西式建筑，放在这里显得很突兀，不应该出现在这里。

11 这是一座欧式教堂，不是故宫里的建筑。

12 攒尖顶的宫殿却顶着一座欧式钟楼，显然是搞错了。

第 59 页题目答案：

　　这座庭院的格局跟韩愈所描述的有很多相像之处，但也有几处不符：

1 中堂不够高大宽敞，也没有宴请宾客的南屋。

2 院子里没有大树。

3 亭子和菜田都在房子北边。